처음 읽는
인공위성 원격탐사
이야기

경기 예측에서 기후변화 대응까지,
뉴 스페이스 시대의 인공위성 활용법

처음 읽는
인공위성
원격탐사
이야기

김현옥 지음

플루토

추천사

지구인이라면 누구나 읽어야 할 책. 시각은 인식의 세계를 변화시킨다. 인공위성의 시각으로 지구를 바라보며 인간의 인식 세계를 넓고 깊게 만드는 데 유용한 책이 여기에 있다. 이 책은 인공위성이 찍은 영상을 이해하는 데 꼭 필요한 원격탐사의 기본 원리와 결과물의 분석, 쓰임, 응용에 관해 농업, 산업, 기후변화의 증거 등을 예로 들어 차근차근 친절하게 설명한다. 무엇보다 과학적 방법과 그로부터 얻은 과학지식을 모든 사람과 나누고 싶어 하는 저자의 절절한 마음이 크게 와닿는다.

• 이지유 | 과학저술가

인공위성에 대한, 인공위성에 의한, 그리고 인공위성을 바라보는 사람들과 그 인공위성이 바라보는 사람과 지구에 대한 이야기. 멀리서 봐야 진정한 모습이 보인다는 격언에 인공위성만큼 어울리는 대상이 또 있을까. 인공위성이 보내온 지구 곳곳의 사진들을 보는 것만으로도 지구 한 바퀴를 샅샅이 둘러본 느낌에 만족스러운데, 저자의 꼼꼼한 분석과 과학적 설명이 그 사진에 깊이를 더한다.

• 이은희 | 하리하라, 과학저술가

인공위성 원격탐사에는 화려한 그림이 있고 흥미로운 자연과 인간의 삶이 있다. 일반인에게는 생소한 인공위성 원격탐사라는 분야를, 이렇듯 공감의 언어로 표현할 수 있는 작가의 능력에 감탄이 절로 나온다. 독자들은 이 책에 원격탐사에 필요한 물리학, 화학, 수학, 통계학, 컴퓨터과학, 생물학, 지질학, 해양학, 환경학적 전문지식이 녹아 있음을 알아차릴 새도 없이 신비로운 지구 사진과 놀라운 이야기에 빠져 마지막 장을 맞이할 것이다.

• 이훈열 | 대한원격탐사학회장, 강원대학교 지구물리학과 교수

인공위성이 보낸 영상 데이터가 정보로 탄생하는 과정을 오랫동안 연구해온 저자가 친절하게 들려주는 인공위성 원격탐사 이야기. 내 방에 앉아 세계 곳곳에서 벌어지는 석유 비축량의 변화, 소비자 경기 변동, 아마존 열대우림의 훼손, 불법 어로, 지구 반대편의 광물자원까지 살펴볼 수 있는 원격탐사의 매력에 푹 빠져, 어느덧 인공위성 데이터에 접속하고 있는 자신을 발견할 것이다.

• 장경애 | 동아사이언스 대표이사

너무 멀지도 않고 너무 가깝지도 않은 곳에서 바라봐야 실체가 잘 보인다. 인공위성의 눈을 통해 바라본 사실적인 지구의 모습은 우리 자신을 성찰의 길로 이끈다. 그런 성찰과 반추를 일으키는 한 장의 지구 사진 뒤에는, 사실 수많은 인공위성 기술과 이미지 처리기술이 자리 잡고 있다. 이 책은, 말하자면 그 숨은 진실을 파헤쳐 쓱 내보이는 지구인을 위한 자기 인식 가이드북이다.

• 이명현 | 과학책방 갈다 대표, 과학저술가, 천문학자

인공위성이 바라본 아찔하게 아름답고 생생한 우리 터전의 모습. 레나 델타의 영상을 볼 때는 그 화려함에 심장이 멎는 것 같고, 코로나19 이전과 이후의 대구 물류센터의 주차장 모습은 흥미진진하다. 원격탐사 영상이 들려주는 지구의 역사와 인간의 활동에 대한 생생한 이야기를 읽으며, 심 봉사가 눈뜬 듯한 놀라움을 체험할 수 있을 것이다.

• 송인옥 | 카이스트 부설 한국과학영재학교 교사

이 책은 원격탐사를 전공하고 싶은 학생이나 관련 분야 직업을 찾고 있는 비전공자에게 꼭 필요한 입문서다. 흥미로운 최신 내용과 쉬운 언어로 '원격탐사를 이해하는 첫걸음'을 떼게 해주며, 인공위성을 타고 세계여행하는 기분까지 느끼게 해준다. 늘 필요하다고 생각했던 책을 잘 만들어준 저자 덕분에 작가가 아닌 독자로 남을 수 있게 되었다.

• 김문규 | 위성영상 판매 전문기업 ㈜에스아이아이에스 대표

우주개발 하면 로켓이나 인공위성 개발과 같은 냉전시대의 우주 경쟁을 떠올리겠지만, 소위 '뉴스페이스' 시장은 세계에서 가장 빠르게 변화하는 '핫'한 시장 중 하나다. 이제 인공위성은 빅데이터, 딥러닝, 사물인터넷 기술과 결합해 이전에는 상상할 수 없던 차원의 지구 정보를 제공하고 있다. 이 책은 기존에 해결할 수 없었던 문제를 인공위성이 해결하는 이야기뿐 아니라 왜 미래 사회에 우주 기술이 필요한지를 설명하고 있다. 우주 분야에서 새로운 기회를 탐색하는 나로호 키즈라면 꼭 읽어보기를 강추한다.

• 박재필 | 나라 스페이스 대표

이제 우리나라도 본격적인 위성 활용 시대를 맞이하고 있다. 우리나라 우주개발중장기기본계획은 국가우주개발의 목표가 국민의 안전과 삶의 질 향상에 기여하는 데 있음을 분명히 하고 있다. 그 흐름의 중심에 있는 인사이더답게 저자는 제4차 산업혁명 시대에 인공위성 데이터가 어떻게 미래 성장 동력으로 활약할 것인지에서부터 지구환경 보호와 지속가능한 발전에 어떻게 기여할 수 있을까까지 이 한 권에 모두 담았다.

• 임효숙 | 한국항공우주연구원 국가위성정보활용지원센터장

들어가며

2019년 7월, 나는 우리나라의 과학 잡지《과학동아》가 주최한 '사이언스 바캉스'에서 강연을 했다. 사이언스 바캉스는《과학동아》가 매년 여름 개최하는 대중 과학 강연 프로그램이다. 마침 2019년은 인류가 달에 착륙한 지 50주년이 되는 해였다. 그해의 사이언스 바캉스는 이를 기념하기 위해 개최된 제1회 코리아 스페이스 포럼과 함께 기획되었고, 모든 강연의 주제가 우주에 맞춰져 있었다.

나는 '우주×위성: 지구를 내려다보는 눈'이라는 제목으로 이 책에서 소개하는 인공위성 원격탐사 사례를 소개했다. 강연이 끝나자 몇몇 학생이 찾아왔다. 그중 한 학생이 자신은 인공위성에 관심이 많았는데 정작 그 위성이 어떻게 쓰이는지는 몰랐다고 말했다. 지구관측 인공위성이 이렇게 많은 일을 할 수 있다는 것이 신기하다면서, 이에 관해 공부하려면 어떻게 하면 되는지를 물었다. 그런데 마땅히 소개해줄 만한 책이 떠오르지 않았다. 현재 출간되어 있는 책들은 대부분 해외 서적을 번역한 전공 서적들이니 말이다. 그해 코리아 스페이스 포럼의 화두는 단연 뉴 스페이스였다. 뉴 스페이스의 중심에는 지구관측 원격탐사 시장이 있다고 전문가들이 입을 모아 얘기했지만, 정작 우리나라에는 학생이나 일반인들에게 원격탐사를 쉽게 소개해주는 책이 없었다. 당시 느꼈던 안타까움 때문에 나는 이 책을 쓰게 되었다.

넓은 의미에서 원격탐사Remote Sensing란 대상으로부터 멀리 떨어진 곳에서 센서를 통해 간접적으로 정보를 얻는 모든 영역을 가리킨다. 그중 가장 비중이 큰 분야는 인공위성이 지구를 촬영한 영상을 다루는 지구관측이다. 지금이야 우리나라는 물론이고 전 세계 지도 포털에서 위성영상을 쉽게 접할 수 있지만, 내가 대학원에서 원격탐사를 공부하던 1990년대 후반만 해도 인공위성 영상은 구하기도 힘들고 다루기도 힘든 굉장히 특별한 것이었다.

당시 무상으로 사용할 수 있었던 미국의 랜샛 5호 영상은 공간해상도가 30미터여서 개별 건물이나 도로의 상세한 모습은 파악할 수 없었다. 하지만 나는 서울이라는 도시 또는 한반도, 나아가 세계 곳곳의 모습을 모니터에 띄우고 마우스로 드래그하면서 구경하는 것만으로도 충분히 흥미로웠다. 더 매력적인 점은 디지털 숫자로 이루어진 위성영상을 조금만 가공하면 눈으로 볼 수 없는 수많은 정보가 시각화된다는 것이었다. 이 부분에 관한 내용을 이 책에 충실히 담았다.

나는 도시생태학을 바탕으로 공간정보를 전공했다. 한국에서 대학원 석사 과정을 마치고 독일에서 공부하는 동안 가장 부러웠던 것 중 하나는 환경에 관한 공간정보를 공공재로 보는 유럽인들의 사고방식이었다. 유럽은 건강하고 안전한 시민 삶의 질을 보장하기 위해서는 신뢰할 수 있는 데이터에 기반한 합리적인 의사결정이 필수라고 보고, 1990년대 후반부터 글로벌 환경을 모니터링하는 프로그램을 발전시켜왔다. 지금은 '코페르니쿠스'라고 불리는 이 프로그램은 지구관측 인공위성인 센티넬 시리즈가 보내오는 데이터를 바탕으로 지구 생태계를 모니터링하고, 기후변화와 각종 재난재해에 대응할 수 있도록 공간정보를 활용하는 체계를 구축하고 있다.

이 프로그램에서 나오는 모든 데이터는 무상 공개가 원칙이다. 유럽연합이 공공 데이터의 개방과 재사용을 제도적으로 보장함에 따라 유럽연합 국가들의 공적 자금으로 개발하고 운영하는 센티넬 위성의 데이터는 공공재로서 유럽연합 시민은 물론 전 세계 누구에게나 무상으로 서비스된다. 언뜻 생각하면 유럽연합이 큰 손해를 보는 것 같지만, 데이터를 활용하는 디지털 공간정보 산업에서 새로운 일자리가 만들어지고 다양한 부가가치가 창출되면서 위성 개발에 들어간 자금보다 훨씬 많은 사회경제적 이익이 돌아오고 있다.

그렇다면 우리나라의 상황은 어떨까? 우리나라는 1992년 우리별 1호의 성공과 1996년 국가 우주개발 중장기 기본 계획 수립을 바탕으로 본격적으로 우주개발을 추진해오고 있다. 유럽이나 미국에 비해 출발이 늦었지만 지금까지 다섯 대의 아리랑 위성과 세 대의 천리안 위성을 성공적으로 발사했으며, 독자적인 인공위성과 발사체 개발 기술을 보유함으로써 세계에서 열 손가락 안에 꼽히는 우주 강국으로 발돋움했다.

특히 고해상도 광학 카메라를 탑재한 아리랑 3호와 3A호 위성이 촬영한 영상을 보고 있으면 마치 비행기를 타고 그 지역 바로 위에서 아래를 내려다보는 듯한 느낌도 든다. 이렇게 아리랑 위성이 하루에 열다섯 바퀴씩 지구 상공을 돌며 촬영한 영상은 전 세계로 팔려나가 다양하게 활용된다. 하지만 정작 국내에서는 그 활용 소식이 널리 알려져 있지 않다.

　요즘 우주 분야의 키워드는 단연 '뉴 스페이스'다. 이 책에서도 강조하고 있지만, 민간이 주도하는 우주개발의 원동력은 지구관측 인공위성을 이용한 공간정보의 산업화다. 사물인터넷과 스마트시티, 드론 택배, 자율주행은 탄탄한 공간정보 기반이 있어야 발전할 수 있고, 예측 불확실성이 높아지는 기후변화와 재난재해에 대응하기 위해서도 준실시간 지구관측과 공간정보가 필요하다. 유럽은 이미 코페르니쿠스 프로그램을 기획하면서 데이터 공개 정책을 통해 산업화의 기반을 마련함으로써 디지털 경제로 전환하려 하고 있다. 전문가가 아니더라도 누구든 위성영상 데이터에 쉽게 접근하고 활용할 수 있도록 다양한 공간정보 플랫폼과 교육 콘텐츠를 개발하는 데도 열심이다. 미국은 민간 회사들이 중심이 되어 위성을 개발하고 발사해서 운영하고 있으며, 위성영상과 인공지능을 접목한 다양한 서비스로 이윤을 창출하고 있다. 우리나라도 위성과 로켓을 성공적으로 발사하는 일에만 주력하는 데서 벗어나 그 수요의 중심에 있는 지구관측에도 눈을 돌릴 필요가 있다.

　국제 통계에 따르면 2020년 12월 31일 기준 지구궤도를 돌고 있는 전 세계 인공위성 3,372대 중 통신위성을 제외하면 지구관측 인공위성이 가장 많다. 지구관측 인공위성의 주요 임무는 지구궤도를 돌면서 지구의 모습을 촬영하는 것이다. 그렇게 주기적으로 촬영한 데이터를 통해 우리는 북극의 빙하가 얼마나 녹아 없어졌는지, 아마존의 열대림은 얼마나 파괴되었는지, 동일본대지진으로 인한 방사능 누출은 그 지역의 환경을 어떻게 변화시키고 있는지, 인도네시아에 발생한 지진으로 얼마나 많은 피해가 발생했고 복구는 어떻게 진행되고 있는지, 중국의 어느 지역이 특히 성장하고 있는지, 코로나바이러스감염증-19로 얼마나 유동인구가 줄었는지 등등 지구 구석구석에서 일어나는 일들을 파악할 수 있다.

그런데 인공위성이 찍은 영상으로 지구를 관측하고 필요한 정보를 얻기 위해서는 원격탐사에 대한 과학적 지식이 필요하다. 중·고등학교 교육과정에서 원격탐사를 다루는 유럽과 달리 우리나라는 공간정보를 다루는 학과에서도 원격탐사 과목은 대학원 과정에나 개설된 경우가 많다. 20년 전 내가 원격탐사라는 분야를 신세계로 여긴 것처럼 여전히 우리나라 학생이나 일반인들에게 원격탐사는 잘 알려지지 않은 낯선 분야인 것 같다.

이제는 전 세계에 무상으로 다운로드하여 쓸 수 있는 위성영상 데이터가 넘쳐나고, 조금만 배우면 쉽게 쓸 수 있는 무료 소프트웨어도 많다. 우리는 이미 인공위성을 통해 실시간으로 얻은 빅데이터를 인공지능과 결합하여 실물경제의 흐름을 분석하고 육상과 해양, 대기 환경을 꼼꼼히 모니터링하고 재난재해에 대비하는 시대를 살고 있다. 매일 쏟아지는 지구관측 데이터에서 새로운 사업 아이템을 발굴하고 성공하는 기업들도 빠르게 늘고 있다.

나는 인공위성 영상을 이해하는 데 꼭 필요한 원격탐사의 기본 원리와 활용 분야, 최근의 시장 동향과 전망에 대한 정보를 이 책에 담았다. 하지만 너무 딱딱한 지식보다는 우리가 쉽게 갈 수 없는 곳들을 인공위성을 통해 들여다보고, 그 공간에 얽힌 이야기들을 소개하는 데 집중하고 싶었다. 코로나바이러스감염증-19로 해외여행이 어려워진 시기에 인공위성을 타고 세계여행을 하는 기분을 조금이라도 느낄 수 있다면 독자들에게 위로가 되지 않을까 생각했다. 또한 공간정보를 공부하지는 않았더라도 뉴 스페이스 시대를 살아가는 독자들이 지구관측 인공위성과 원격탐사를 이해하는 첫걸음이 되면 좋을 것 같았다.

이 책을 써야겠다고 생각했을 때 과학책방 '갈다'에서 과학저술가 양성 과정 참여자를 모집한다는 공고를 접했다. 이 과정은 과학문화 대중화를 위해 과학기술정보통신부가 지원하는 인력 양성 프로그램 중 하나였는데, 운이 좋았는지 6주간 전문 글쓰기와 집중 멘토링을 받을 수 있는 기회가 주어졌다. 무엇보다 원격탐사라는 주제에 관심을 가져주신 플루토 출판사의 박남주 대표를 만난 것에 감사한다. 별똥별 아줌마로 잘 알려진 이지유 작가를 멘토로 만날 수 있었던 것도 큰 행운이었다. 코로나바이러스감염증-19가 막 시작되던 그 겨울 매주 갈다 책방에 모여 함께 배우고 나누며 서로의 글쓰기를 격려해주던 1기 동기들도 큰 힘이 되었다. 이 자리를 빌려 모두에게 감사를 전한다.

차례

1장

원격탐사, 우주에서 날아온 사진

2장

위성영상에 인공지능을 더하면

3장

포스트 코로나19 시대의 지구관측

4장

바다 위의 감시카메라

5장

사막 위의 둥근 반점

9장

그 많던 빙하는 어디로 갔을까

10장

우리 지금 안전한가요

1장

원격탐사,
우주에서 날아온
사진

지구를 바라보는 눈

우선, 사진부터 보기로 하자. 그림 1은 무엇을 촬영한 사진일까?

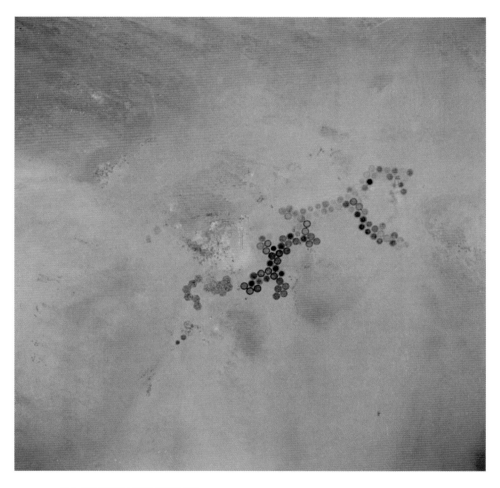

그림 1 **지구 표면에 나타난 점들의 모임**

© NASA

UFO(미확인비행물체)의 흔적? 아니면 달이나 화성에 건설하고 있다는 기지?

힌트를 주자면, 이 사진은 국제우주정거장에서 디지털카메라로 지구 어딘가를 촬영한 것이다. 국제우주정거장은 지상으로부터 400킬로미터 위에 있는 궤도를 하루에 열여섯 바퀴씩 도는 일종의 커다란 인공위성이다. 전 세계에서 온 우주인들이 이곳에서 우주의 신비를 풀기 위해 다양한 과학실험을 하며 지낸다. 또한 우주에서 볼 수 있는 지구의 갖가지 특이한 모습도 촬영해서 보내주고 있다.

지구 어딘가라고 했으니 저 황갈색의 배경에서 사막을 떠올렸다면 일단은 맞혔다! 그런데 아무리 봐도 흙먼지만 날릴 것 같은 황량한 땅에 늘어선 원들의 정체는 뭐란 말인가? 왼쪽엔 벌집 모양으로 연결된 일련의 패턴도 있다. 1998년 국제우주정거장에서 리비아 쿠프라 일대를 촬영한 이 사진은 사막에서 대규모 관개농업을 하는 모습이다.

아프리카 사막에 있는 리비아는 국토의 2퍼센트 정도만이 농업에 필요한 강수를 확보할 수 있고 나머지 지역은 물이 무척 귀하기 때문에 인공수로를 만들어 농사를 짓고 있다. 이 인공수로의 역사는 70여 년 전으로 거슬러 올라간다. 1953년 유전을 탐사하던 중 약 4만 년 전 이 지역에 존재한 빙하가 지각운동으로 지하의 깊은 모래암석층에 묻혔다는 사실이 밝혀졌다. 이후 사람들은 빙하가 녹은 물을 끌어올려 세계 제8대 불가사의라고 할 정도로 규모가 어마어마한 인공수로를 건설하기 시작했다. 도시민을 위해 식수를 공급하는 것은 물론 물이 귀한 사막에서 농업용수로 사용하기 위해서였다. 그림 1에 보이는 원들은 커다란 스프링클러가 회전하면서 물을 뿌리는 방식으로 만들어진 농경지로, 한 개의 지름이 1킬로미터 정도이다.

우주에서 찍은 사진으로부터 우리는 여러 가지 정보를 얻을 수 있다. 앞의 사진처럼 풀 한 포기도 안 자랄 것 같은 모래사막에서 엄청난 규모로 농사를 짓고 있는 모습을 직접 가보지 않고도 눈으로 확인할 수 있다. 또한 까마득한 옛날에는 이 지역이 빙하로 덮여 있었고 매머드가 살았으며, 그 빙하가 녹은 물로 농사를 짓고 있다는 사실도 알게 되었다. 리비아 쿠프라라는 낯선 곳을 탐험하는 데 많은 돈과 시간이 들지도 않았다. 그저 사진 한 장을 단서로, 관련 정보들을 찾아보면서 수수께끼를 푸는 것 같은 희열도 느낄 수 있었다.

인공위성은 우주에서 지구를 내려다보는 눈이다. 지구 상공에서 수백 킬로미터 높은 곳에 있는 인공위성은 일정한 주기로 지구 둘레를 도는데, 그 속도가 엄청나게 빠르다. 무려 초속 7.8킬로미터 이상이다. 총알의 속도가 초속 400미터 정도라고 하니 인공위성이 얼마나 빠른지는 각자 상상해보자. 인공위성은 이처럼 빠른 속도로 정해진 궤도를 돌면서 스캔하듯 지구 사진을 찍어 지상으로 전송한다. 이렇게 인공위성이 보내온 사진들을 분석해서 정보를 얻어내는 과정이 원격탐사다.

우주에서 지구 사진을 찍는 이유

겨울이 오고 크리스마스가 다가오면 아이들은 고민에 빠진다. 나는 올 한 해 얼마나 착하게 지냈을까? 만약 내가 착하게 살지 않았다면 산타 할아버지는 그 사실을 알고 계실까? 루돌프 사슴코가 아무리 밝고 산타

할아버지가 끄는 썰매가 아무리 빨라도 커다란 지구를 매일 둘러보며 전 세계 아이들이 잠자고 일어나고 짜증 내고 장난치는 모든 순간을 지켜볼 수는 없을 테니 조금은 안심해도 좋을까?

하지만 인공위성이라면 할 수 있다. 4만 킬로미터에 달하는 지구 둘레를 초속 7.8킬로미터로 하루에 열여섯 번이나 돌 수 있고, 지구에서 400킬로미터 넘게 떨어진 상공에서도 지붕의 굴뚝을 찾을 수 있을 정도로 성능 좋은 카메라가 달려 있으니까.

지구관측위성의 주 임무는 지구 둘레를 돌면서 지구촌 곳곳의 사진을 찍는 것이다. 그런데 왜 굳이 그 먼 우주에서 지구 사진을 찍는 걸까? 무엇보다 넓은 지역을 한꺼번에 촬영할 수 있고 일정한 주기로 같은 지역을 계속해서 촬영한 데이터를 얻을 수 있기 때문이다.

우리가 살고 있는 세상은 복잡하게 얽혀 있어서 때론 좁은 시야를 벗어나 거대한 지구를 하나의 시스템으로 바라봐야 할 필요가 있다. 등잔 밑이 어둡다고, 너무 가까이 있으면 잘 볼 수 없고, 적당한 거리를 두어야 넓어진 시야로 종합적이고 객관적으로 볼 수 있기 때문이다. 기후온난화로 북극의 빙하가 녹아 없어지는 바람에 우리나라에 유례없는 한파가 닥쳤다는데 도대체 어떻게 된 일인지, 중국의 육류 소비량이 증가하는데 왜 남아메리카 아마존 열대우림의 불법 산림 벌채가 증가한다는 것인지 쉽게 납득이 되지 않는 현상들을 이해하려면 내가 사는 동네와 도시, 나라를 넘어 우주 공간에서 지구를 관찰하고 탐구할 필요가 있다. 이때 오랜 기간에 걸쳐 차곡차곡 모인 인공위성 사진들은 세계 각지의 역사와 변화상을 보여주는 중요한 자료가 된다.

1990년대까지만 해도 지구관측 인공위성 사진은 토지 이용 지도를 만들거나 농작물 재배 지역을 파악해 생산량 통계를 작성하거나 보호 가치가 높은 산림이나 자연생태계의 변화를 모니터링하는 넓은 지역의 국토 관리에 주로 사용되었다. 당시에는 지구관측위성의 수가 적어서 원하는 지역의 사진을 얻기가 힘들었을 뿐만 아니라 위성사진의 해상도에 비해 가격도 비쌌기 때문에 널리 활용되지는 못했다. 그러다가 2000년대 들어 공간해상도가 좋은 민간 인공위성들이 등장하면서 시장이 형성되고 연구개발이 활발해지기 시작했다.

항공사진을 대체할 정도로 해상도가 높아진 인공위성 사진은 특히 빠르게 변화하고 복잡한 도시지역의 불법 건축물을 단속하거나 지도 정보를 갱신하는 데 효과적이다. 위험 시설이 있거나 직접 가기 어려운 지역을 감시하는 데도 유용하고, 홍수나 지진, 화재가 발생한 지역의 상세한 피해 규모와 범위를 파악함으로써 재난 상황에 효과적으로 대응하게 해준다. 최근에는 공간해상도가 높은 인공위성 수십, 수백여 대가 군집을 이루어 지구궤도를 돌면서 같은 지역을 거의 매일 촬영하며 엄청난 양의 데이터를 쏟아내고 있다.

위성사진 빅데이터에 클라우드 컴퓨팅 기술이 융합되면서 이전에는 생각할 수 없었던 새로운 개념의 공간정보 서비스도 가능해졌다. 원격탐사에서 다루는 '공간정보'란 좁은 의미로는 지도에서부터 넓게는 육상, 해양, 대기를 포괄하는 전 지구적 지리정보라고 할 수 있다. 인공위성 사진은 산, 호수, 강, 집, 도로 같은 지형, 지물의 모습과 함께 그 위치를 기록한 디지털 형식의 데이터이므로 곧바로 정보화하여 사용할 수 있는 것이 장점이다.

지구관측 공간정보 서비스는 다양한 영역에서 활용된다. 사용자 맞춤형 서비스로 내 논밭에 심은 작물이 잘 자라고 있는지, 혹시 거름이 필요하거나 병이 들지는 않았는지를 매일 모니터링해서 적절한 조치를 취할 수 있다. 바다에 녹조가 생겨 연안 양식장이 피해를 입으면 그 규모를 정확히 산정하여 합리적으로 보험금을 지급할 수 있고, 전 세계 석유 저장고의 원유 저장량이 변화하는 추세를 파악하여 유가가 변동하는 조짐을 예측할 수도 있다. 이 밖에 주요 물류창고에 차량이 오고 가는 현황과 패턴을 분석해서 해당 기업의 재무 상태를 추측할 수 있고, 새로이 조성된 도시의 교통 흐름이나 사람들의 이동 패턴을 파악하여 마케팅에 활용할 수도 있다. 고해상도 인공위성 사진과 정밀 위치정보를 융합한 스마트 지도 서비스는 현재 위치에서 가까운 은행이나 맛집을 검색해주고, 낯선 여행지에서도 쉽게 대중교통을 이용하고 쇼핑하고 관광할 수 있도록 해준다. 아마도 가까운 미래에는 일기예보뿐 아니라 현지의 미세먼지 농도나 나의 건강상태와 기분, 취향, 실시간 교통, 원하는 쇼핑 정보와 연동하여 맞춤형 여행 루트를 제안하는 인공지능 서비스도 등장할 것 같다.

사진의 시작은 태양복사에너지

요즘은 스마트폰 하나만 있으면 제법 근사한 사진을 찍을 수 있다. 어두운 곳에서는 저절로 플래시가 터지고 가장 예쁜 색감을 지정해주며 빨간 눈동자를 보정해주는 것은 물론 '뽀샵'까지 알아서 해준다. 지금처럼 스마트하지 않았던 시절에 수동 필름 카메라로 사진을 찍으려면 무엇보

그림 2 **태양빛이 지구를 비추고 있다. 인공위성이 지구 사진을 찍으려면 빛이 필요하다.**

다 빛을 잘 이용할 줄 알아야 했다. 햇빛의 세기에 맞춰 조리개를 개방하고 셔터 속도를 조절하는 정도에 따라 사진은 고즈넉한 분위기가 되기도 했고, 거칠고 강렬한 느낌이 되기도 했다. 혹여 구름이 끼어서 날씨가 흐리거나 어둑해져서 햇빛이 없는 경우 설정을 잘못 하면 온통 뿌옇거나 시커먼 사진이 나오곤 했다. 카메라에 플래시를 장착하면 그 빛이 도달하는 거리에 있는 피사체는 잘 찍히지만 그 뒤 배경까지 잘 나오기는 어려웠다.

최첨단 과학기술의 집합체인 인공위성도 지구 사진을 찍으려면 빛이 필요하다. 아무리 크다고 해도 길이가 10미터도 안 되는 인공위성에 비해 지름이 약 1만 3,000킬로미터에 달하는 지구가 너무 크기도 하거니와 인공위성에서 지구까지의 거리도 수백 킬로미터에 달하기 때문에 인공 플래시는 소용이 없다. 따라서 인공위성에서 사진을 찍으려면 태양에서 오는 빛을 잘 이용해야 한다.

우리가 흔히 햇빛이라고 부르는, 태양이 방출하는 전자기 에너지는 파장이 짧고 주파수가 높은 감마선부터 파장이 길고 주파수가 낮은 라디오파까지 폭넓은 영역의 전자기파 스펙트럼을 내보낸다. 하지만 전체 에너지의 95퍼센트가 파장 0.2~3.0마이크로미터㎛인 자외선과 가시광선, 근적외선으로 방출된다. 그중에서도 특히 가시광선 부분에 에너지가 집중되어 있는데, 사람의 눈은 이 가시광선 파장을 잘 구분하도록 진화해 왔다.

태양에서 복사되어 온 전자기파, 즉 태양빛은 지구 대기를 통과하면서 굴절, 산란, 반사되고 수증기나 이산화탄소, 산소, 오존, 질산 등 기체 분자에 흡수되기도 한다. 이때 대기 중에 어떤 종류의 기체가 존재하느

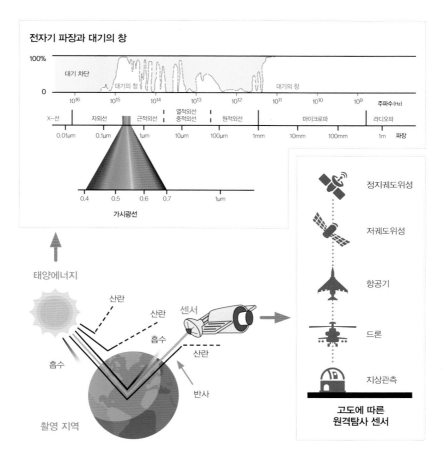

그림 3 대기의 영향을 받지 않고 지표까지 도달하는 태양에너지의 파장대역을 대기의 창이라고 한다. 원격탐사 센서는 고도에 따라 지상관측 장비에서부터 정지궤도 인공위성에까지 다양하게 탑재된다.

냐에 따라 흡수되는 전자기 파장대가 조금씩 다르고, 여러 종류의 기체들이 함께 존재하는 경우 그 기체들 각각이 흡수하는 파장대가 중첩되어 대기를 완전히 통과하지 못하는 파장 대역이 생긴다.

우리가 그토록 차단하고 싶어 하는 자외선은 대기 중의 오존 입자가 대부분 흡수하기 때문에 지표까지 도달하는 양은 아주 적다. 또 이산화탄소와 수증기는 적외선 파장 일부를 흡수한다. 하지만 가시광선 파장은 기체 분자에 의해 흡수되지 않고 그대로 지표로 전달된다. 이처럼 어떠한 기체 분자의 방해도 받지 않는 전자기 파장대역을 '대기의 창'이라고 한다.

대기의 창을 통해 지표에 도달한 빛, 다시 말해 태양복사에너지는 땅속이나 지표 물질에 흡수되거나 다른 형태의 에너지로 전환된 후 다시 반사된다. 이때 지표 상의 모든 물체는 구성 물질과 질감, 구조, 색, 물리·화학적 환경 요인에 따라 태양복사에너지의 파장에 저마다 다르게 반응한다. 식물의 잎은 가시광선 파장에서 파란색 빛과 붉은색 빛을 흡수하고 초록색 빛을 반사하므로 우리 눈에 초록색으로 보인다. 또 강이나 호수는 모든 파장대에서 에너지 대부분을 흡수하므로 어두운 색으로 보이는 반면 구름은 대부분의 태양복사에너지를 반사하므로 흰색으로 보인다.

그림 4의 그래프는 지표를 구성하는 여러 가지 물질이 각 파장대의 에너지를 반사하는 특성을 정리한 것이다. 인공지물은 콘크리트냐 벽돌이냐 아스팔트냐에 따라 가시광 파장대에서 뚜렷한 차이를 보인다. 그러나 적외 영역으로 가면서 콘크리트와 벽돌은 특성이 비슷해진다. 반면 아스팔트는 반사도가 눈에 띄게 낮아 다른 패턴을 보인다. 강이나 호수 같은 수역과 아스팔트는 가시광에서 단파 적외선에 이르는 전체 파장대에서 일관되게 반사율이 낮은데, 수역이 아스팔트보다 훨씬 더 낮다. 모래나 잔디처럼 특정 파장 구간에서 유독 반사가 많이 일어나거나 흡수가 많이 일어나는 패턴을 보이는 물질도 있다.

원격탐사는 태양복사에너지가 지표에 닿아 투과되거나 흡수된 후 반

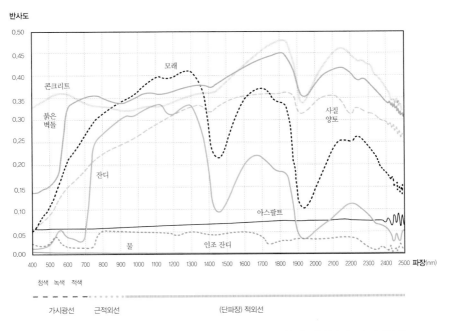

반사도

0.50
0.45
0.40
0.35
0.30
0.25
0.20
0.15
0.10
0.05
0.00

콘크리트
붉은 벽돌
모래
사질 양토
잔디
아스팔트
물
인조 잔디

400 500 600 700 800 900 1000 1100 1200 1300 1400 1500 1600 1700 1800 1900 2000 2100 2200 2300 2400 2500 **파장**(nm)

청색 녹색 적색

가시광선   근적외선   (단파장) 적외선

그림 4 **지표를 구성하는 물질이 무엇이냐에 따라 각 파장대에서 태양빛에 반응하는 특성이 다르다. 따라서 인공위성 센서에 기록된 파장대별 반사도의 특성을 보고 그 지역이 어떤 물질로 이루어졌는지 알아낼 수 있다.**

ⓒ John R. Jenson

사되어 인공위성에 탑재된 카메라 센서에 닿을 때 기록된 값을 다룬다. 센서가 감지한 반사 특성에 근거하여 거꾸로 지표 물질의 종류와 상태를 추정하는 것이다. 만약 인공위성이 감지한 가시광 파장에서의 반사도가 낮은데 근적외 파장에서의 반사도가 눈에 띄게 높다면 이 지역은 잔디 같은 식물로 덮여 있을 확률이 아주 높다. 또 가시광은 물론 적외선 파장 대부분에서 반사도가 아주 낮다면 이 지역은 강이나 호수처럼 물로 덮여 있을 가능성이 높다.

뿐만 아니라 원격탐사는 사람의 눈으로는 구분할 수 없는 전자기 파장대의 반사 특성을 활용하기 때문에 지표의 상태나 변화를 더 상세하게 파악할 수도 있다. 쌍둥이가 외모는 똑같지만 목소리나 말투 등을 통해 시각이 아닌 다른 감각으로 구분할 수 있는 것처럼 말이다. 천연 잔디와 인조 잔디는 비슷하게 초록색으로 보이기 때문에 눈으로만 봐서는 구분하기가 어렵다. 하지만 천연 잔디는 근적외선 파장대에서 반사도가 인조 잔디에 비해 뚜렷이 높다. 이는 식물의 광합성과 관련 있는데 잎 속의 클로로필이 가시광선은 흡수하고 근적외선은 반사하기 때문이다.

인공위성 영상은 일반 사진과 어떻게 다를까

사람의 눈은 적색^R, 녹색^G, 청색^{B}을 기본으로 하는 가시광선 파장의 빛만 인식할 수 있다. 반면 인공위성 카메라에는 가시광선은 물론 사람이 볼 수 없는 적외선 스펙트럼까지도 감지하는 센서가 달려 있다. 인공위성 사진은 일반 카메라와는 다르게 촬영된다. 일반 카메라는 셔터를 누름과 동시에 한 장의 컬러 사진으로 완성되지만, 인공위성 카메라는 전자기 스펙트럼을 구분하여 가시광선이라 하더라도 적색, 녹색, 청색으로 나누어 각 파장대의 빛에 반응한 지구 표면의 반사 특성을 따로따로 기록한다. 그래서 인공위성이 촬영한 이미지는 사진이라기보다는 영상이라고 표현한다.

다시 말해 인공위성 카메라에 적색, 녹색, 청색 그리고 근적외선, 이렇게 네 개 파장을 구분하는 센서가 달려 있다면, 촬영과 동시에 적색 파장에 반응한 지표의 반사값이 기록된 영상이 한 장, 녹색 파장에 반응한 지표의 반사값이 기록된 영상이 한 장, 청색 파장에 반응한 지표의 반사값이 기록된 영상이 한 장, 근적외 파장에 반응한 지표의 반사값이 기록된 영상이 한 장, 이렇게 총 네 장의 영상이 만들어진다. 원격탐사에서는 이러한 전자기 스펙트럼의 특정한 영역을 밴드 또는 채널이라고 부른다.

이렇게 얻은 인공위성 영상들은 후처리를 통해 컬러 영상으로 만들어진다. 이때 밴드들을 어떻게 조합하느냐에 따라 색감이 다양한 이미지들을 만들 수 있다. 빨강, 파랑, 노랑이 섞여 모든 색이 만들어지듯이 빛도 기본이 되는 세 가지 색이 섞여 여러 가지 빛깔로 나타난다. 빛의 삼원색은 흔히 RGB라고 하는 적색과 녹색, 청색이고, 빛이 섞인다는 것은 각 삼원색의 많고 적음의 조합이다. 위성영상이라면 지표 반사도의 높고 낮음의 조합이라고 할 수 있다.

정리하자면, 위성영상이 일반 사진과 다른 점은 햇빛의 파장을 구분하여 지표면에서 각 파장대의 빛이 얼마나 흡수되고 반사되는지를 숫자로 기록하고, 밴드별로 그 값들의 분포를 명암의 차이로 이미지화해서 흑백 영상으로 만든다. 이 밴드 영상들을 조합해 컬러 영상으로 만들 때는 세 개 밴드를 기본으로 한다. 이때 가시광선의 기본이 되는 적색, 녹색, 청색 밴드에서 얻은 영상들을 빛의 삼원색인 RGB로 각각 대응시키면 우리가 눈으로 보는 것과 같은 색감의 영상이 만들어진다. 만약 적외선처럼 사람이 볼 수 없는 파장 영역에서 얻은 영상들을 섞어 RGB 색으로 조합하면 우리에게 익숙하지 않고 색감이 낯선 이미지가 만들어진다. 원격탐사에서는 이러한 색조합을 다중밴드 색합성이라고 한다.

여러 가지 밴드를 조합한 컬러 위성영상은 우리가 눈으로 볼 수 없는 정보, 즉 지표를 이루는 구성물질이나 상태에 따라 다르게 나타나는 반사값들의 조합을 시각화한다. 위성영상에 나타나는 미세한 색의 차이는 반사도의 차이이기 때문에 이 반사도의 차이를 분석하면 지표의 특징이나 상태를 알아낼 수 있다. 이것이 원격탐사에서 다양한 색조합 영상을 활용하는 이유다.

그림 5는 2017년 5월 3일에 유럽우주국^{ESA}의 센티넬 2호 위성이 우리나라 아산 지역을 촬영한 영상이다. 자연색으로 합성된 영상에서 논 지역이 어둡게 나타나는 이유는 이제 막 모내기를 준비하면서 논에 물을 대어놓았기 때문이다. 물이 있는 수역은 모든 파장의 빛을 흡수하므로 반사도가 낮아 영상에서 어둡게 보인다. 초록으로 보이는 산림지역의 분광 밴드별 반사 특성을 보면, 녹색 밴드보다 적색 밴드에서 조금 더 어둡게 보이고 근적외 밴드에서는 확연히 밝게 나타난다. 산에는 나무가 많으므로 식생의 분광 특성, 즉 가시광선을 흡수하고(낮은 반사도) 근적외선을 반사하는 특성을 보여주는 것이다. 그런데 식물은 가시광 중에서도 녹색광선을 청색이나 적색광선보다 덜 흡수하기 때문에 청색 밴드 영상에서도 조금 덜 어둡게 보인다.

다중밴드 색합성 1은 근적외선, 적색, 녹색 밴드를 각각 RGB로 대응한 것이고, 다중밴드 색합성 2는 적색, 청색, 근적외선을 각각 RGB로 대응한 것이다. 다중밴드 색합성에 특별한 규칙이 있는 건 아니지만 근적외선, 적색, 녹색의 밴드 조합은 식생지역과 비식생지역이 명확히 구분되기 때문에 원격탐사에서 자주 사용된다.

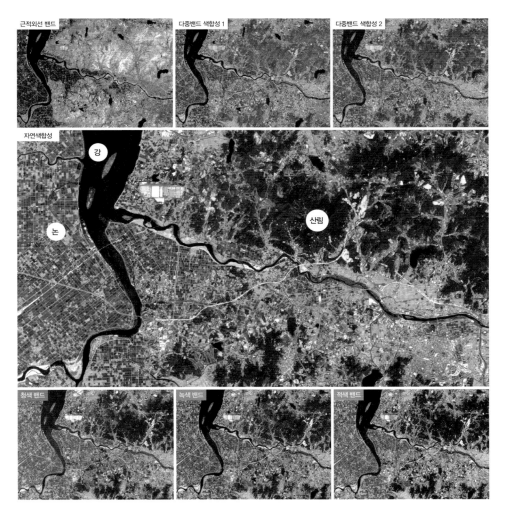

그림 5　**센티넬 위성에서 촬영한 우리나라 아산 지역. 인공위성에서 파장대별로 촬영한 다중밴드 영상을 합성해서 다양한 색조합으로 표현할 수 있다.**

네 가지 해상도

일반 사진에서 고해상도라고 하면 일반적으로 이미지가 얼마나 또렷한지를 의미한다. 하지만 인공위성 영상의 해상도는 네 가지로 정의된다. 분광해상도와 방사해상도, 공간해상도, 시간해상도가 그것이다.

지구를 관측하는 인공위성들 중에는 몇 개의 핵심 파장대에서만 영상을 얻는 것도 있고, 가시광선뿐만 아니라 근적외, 열적외에 이르는 넓은 파장대에 걸쳐 영상을 얻는 것도 있다. 이를 분광해상도라고 하는데 같은 가시광선이나 근적외선이라고 하더라도 파장의 시작과 끝 구간이 조금씩 달라지기도 한다. 인공위성에서 얻은 영상의 밴드 수가 많다는 것은 카메라 센서가 감지할 수 있는 전자기파의 종류가 많고 그 범위가 세분되어 있다는 의미다. 밴드의 수가 여러 개면 다중분광 영상이라고 하고, 파장 구간을 아주 좁게 쪼개어 밴드의 수가 수십 또는 수백여 개에 이르면 초분광 영상이라고 한다.

인공위성 카메라 센서의 전자기 스펙트럼을 어떻게 구분할지는 그 위성의 관심 대상이나 목적에 따라 달라진다. 바다를 집중해서 관찰할 수도 있고, 숲이나 도시의 변화에 더 초점을 맞출 수도 있다. 해양환경을 감시하는 우리나라 천리안위성의 해양 센서는 해수의 염도나 유기물 함량에 따라 반사도가 달라지는 청색 파장대를 보다 세분화해서 세 개의 밴드로 구성하였다. 주로 농작물 작황을 관찰하는 독일의 래피드아이 RapidEye 위성은 식물의 광합성에 특히 민감하게 반응하는 적색과 근적외선 사이의 아주 좁은 파장대인 레드에지 RedEdge를 세분해 탐지하는 센서를 탑재하고 있다.

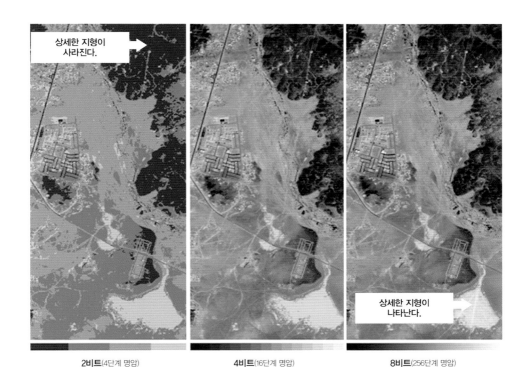

상세한 지형이
사라진다.

상세한 지형이
나타난다.

2비트(4단계 명암)　　　　　**4비트**(16단계 명암)　　　　　**8비트**(256단계 명암)

그림 6 **위성영상에서 표현할 수 있는 명암의 단계가 세분화될수록 상세한 지표의 특성을 보여준다. 지표 반**
사도를 4단계의 명암으로 구분하는 2비트 영상에서는 보이지 않던 상세 지형이 8비트로 방사해상도가 높아
질수록 점점 더 뚜렷하게 나타난다.

© NASA

　　위성영상의 분광 정보는 밝기, 즉 명암으로 표현된다. 반사도가 낮을
수록 검은색에 가깝고 반사도가 높을수록 흰색에 가깝다.

　　인공위성 영상도 일종의 디지털 사진이기 때문에 하나의 픽셀에 표
현될 수 있는 밝기 정보의 양은 비트 수에 따라 달라진다. 예를 들어 1비
트 이미지에서는 0과 1, 즉 흑백이라는 두 개의 밝기값만 표현할 수 있지
만, 8비트 이미지에서는 지표에서 반사된 에너지값을 2^8, 즉 256단계로

구분하여 기록할 수 있다. 명암의 단계가 세분화될수록 지표의 반사 특성을 상세히 구분할 수 있다. 이를 방사해상도가 높다고 하며, 비트 수가 커질수록, 다시 말해 방사해상도가 높아질수록 데이터의 양은 커진다.

인공위성 영상에서 위치정보는 픽셀의 크기와 관련 있다. 지상의 한 지점과 대응되는 픽셀 하나가 실세계에서의 1미터를 대변할 수도 있고 10미터를 대변할 수도 있다. 이를 공간해상도라고 하는데 실세계를 얼마나 상세하게 표현하는가를 나타내는 척도이다. 한 픽셀이 나타내는 실제 거리가 1미터라면 건물이나 도로의 윤곽이 비교적 또렷한 이미지를 얻을 것이고, 10미터라면 그에 비해 물체의 경계가 다소 흐릿한 이미지를 얻을 것이다. 그림 7과 같이 한쪽의 폭이 25미터인 ㄱ 자 모양의 건물이 있다고 하자. 공간해상도가 30미터라고 하면, 영상에서 건물의 자세한 모양은 무시되고 픽셀 하나가 건물로 표현된다. 하지만 공간해상도가 5미터, 1미터로 높아질수록 건물 고유의 형태를 상세히 재현할 수 있다. 공간해상도는 숫자가 작을수록 높다고 표현한다.

물체에 가까이 다가가면 그 대상을 자세히 볼 수는 있지만 시야가 좁아지듯이 인공위성도 궤도를 낮추어 지구에 가까워지면 해상도가 높고 상세한 이미지를 얻을 수 있는 대신 한 번에 촬영할 수 있는 범위는 좁아진다. 따라서 높은 공간해상도로 넓은 지역을 촬영하면 좋겠지만 아직까지 둘 다 충족하는 영상을 얻기는 힘들다.

그렇지만 공간해상도가 반드시 높아야 좋은 것은 아니다. 도시는 좁은 면적에 건물이 많고, 차가 다니는 도로와 사람이 다니는 인도가 접해 있고, 가로수도 있으며, 곳곳에 작은 녹지들도 조성되어 있어 복잡하다. 건물의 형태나 모양, 규모도 가지각색이다. 따라서 위성영상의 공간해상

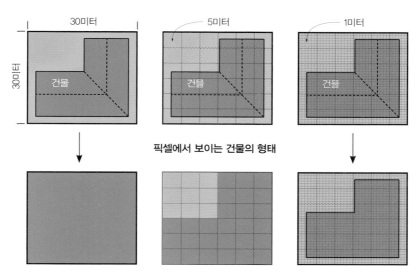

픽셀 크기(해상도)

30미터

5미터

1미터

30미터

건물

건물

건물

픽셀에서 보이는 건물의 형태

그림 7 위성영상에서 하나의 픽셀이 나타내는 실세계에서의 거리가 작을수록 건물이나 지형이 상세하게 재현된다. 한쪽의 폭이 25미터인 ㄱ자 건물은 공간해상도가 30미터에서 1미터로 높아질수록 고유의 형태로 표현된다.

도가 아주 높아야 도시 현황을 정확히 알려주는 정보로서 가치가 있다. 하지만 한반도 전체의 산림 분포를 조사할 때는 나무 한 그루 한 그루의 위치와 종류보다는 우리나라 전역을 한눈에 파악할 수 있는 위성영상이 더 쓸모 있다. 영상의 해상도가 너무 높으면 데이터의 양이 커져서 오히려 분석이 어려울 수도 있다.

마지막으로 시간해상도는 같은 지역을 얼마나 자주 촬영할 수 있는지를 설명하는 지표이다. 인공위성은 같은 지역을 같은 궤도 조건에서 일정한 주기로 방문하도록 설계되어 있다. 하지만 얼마나 자주 같은 지역을 촬영하느냐는 인공위성이 위치한 고도와 지구궤도, 한 번에 촬영할 수 있는 카메라 센서의 촬영각도 등에 따라 달라진다. 우리나라 지구관측위성인 천리안 2A호는 3만 6,000킬로미터 상공에서 기상 정보를 관측하며 한반도 주변을 2분 간격으로 촬영한다. 685킬로미터 상공의 낮은 궤도를 도는 다목적실용위성, 일명 아리랑위성 3호는 28일에 한 번씩 같은 지역을 방문한다. 이는 위성이 지구궤도에서 지상을 수직 촬영할 때를 기준으로 한 것이고, 카메라를 조금 틀어 비스듬히 찍으면 촬영 주기가 28일에서 3일로 크게 줄어든다. 하지만 경사각이 커질수록 왜곡이 심해진다는 단점이 있다.

위성영상 데이터는 어떻게 정보가 되는가

데이터는 관찰한 팩트, 즉 사실을 수집한 것이고, 정보는 모아놓은 데이터를 목적에 맞게 가공해서 어떤 판단의 근거로 사용할 수 있도록 의미와 가치를 부여한 것이다. 그렇다면 인공위성 영상은 데이터일까, 정보일까?

뉴스를 보다 보면 남녀 연예인이 열애 중이라는 기사가 파파라치 사진과 함께 보도될 때가 있다. 당사자도 아니고 현장에 함께 있지 않은 이상 두 사람의 관계를 단정지을 수는 없지만, 왠지 모르게 사진에서 그런 느낌이 풍겨날 때가 있기는 하다. 두 사람 사이의 거리와 몸의 각도, 표정, 시선이 향하는 방향, 호감이 가는 사람 앞에 있으면 저절로 취하게 된다는 특정 제스처를 우리 눈이 순식간에 스캔해서 직관적으로 알아채기 때문일 것이다. 다시 말해 사진 그 자체가 정보라기보다는 그 속에 담긴 여러 정황을 모아 해석함으로써 정보가 되는 것이다. 마찬가지로 인공위성이 촬영한 영상도 그 자체가 정보라기보다는 지구 현장의 팩트를 담은 데이터로 보는 것이 합리적이다. 그리고 이 영상 데이터가 의미 있는 정보로 가공되려면 여러 단계의 처리가 필요하다.

태양에서 복사되어 오는 전자기파 에너지는 지구의 대기층을 통과하여 지표에 닿아 투과되거나 흡수되거나 다른 에너지로 전환된 후 반사되어 다시 지구의 대기층을 지나 인공위성 센서로 들어간다. 이때 대기층에서 전자기파 에너지의 일부가 흡수되거나 산란될 수 있기 때문에 지표에서의 정확한 반사도를 측정하려면 대기에 의한 오차를 제거해주어야 한다. 뿐만 아니라 3차원의 구형인 지구를 촬영해서 2차원의 평면 영상으로 변환하는 과정에서 발생하는 지형의 왜곡도 보정해야 한다. 그 밖에도 이미지의 전체적인 명암을 조정하거나 노이즈를 제거하는 등 여러 단계의 처리 작업을 해야 원영상은 비로소 쓸 만한 상태가 된다. 이 과정을 전처리라고 한다. 인공위성이 수신한 모든 영상은 전처리 과정을 거친 후 색합성을 통해 의미 있는 시각 자료로 가공되기도 하고, 픽셀의 반사도 특성을 이용해 여러 가지 지도로 만들어지기도 한다.

위성영상이 정보로 가공되는 대표적인 사례는 환경부의 토지피복도이다. 환경부에서는 국토를 덮고 있는 지표의 유형을 도시나 숲, 하천, 논, 밭, 초지, 나지 등으로 분류한 토지피복도를 제작하는데, 이때 원격탐사 기법을 활용한다. 위성영상의 각 밴드에 나타난 지표면의 반사 특성을 통계적으로 분석하여 특성이 유사한 픽셀들을 같은 카테고리로 묶어주는 것이다. 예를 들어 위성영상의 적색 밴드에서는 반사도가 낮고 근적외 밴드에서는 높게 나온 픽셀들은 반사도의 특성에 근거하여 녹지로 분류하고, 적색, 녹색, 청색, 근적외 밴드 모두에서 반사도가 아주 낮은 픽셀들은 하천이나 호수 같은 수역으로 분류한다. 물론 실제 위성영상을 이용하여 토지피복을 분류하는 과정은 좀 더 복잡하지만, 기본 원리는 수많은 책이 있는 도서관에서 주요 키워드 몇 개를 입력하여 검색하면 비슷한 부류의 책들을 찾을 수 있는 것과 유사하다. 토지피복도는 물 순환이나 기후변화 예측 모델에 요긴하게 쓰인다.

토지피복도가 한 시점의 영상을 다루는 원격탐사 사례라면 여러 시점에 촬영한 위성영상을 활용해서 대상의 변화를 탐지할 수도 있다. 계절이 바뀌면서 나타나는 자연현상 혹은 재건축이나 신도시 건설처럼 인위적인 변화를 살펴볼 수 있다. 또한 태풍이나 홍수, 가뭄, 화재 같은 재난이 일어난 피해 지역을 파악할 수도 있고, 논밭에 심어둔 작물이 잘 자라고 있는지 혹시 병충해가 생기지는 않았는지를 꾸준히 살펴볼 수도 있다.

시계열 변화를 탐지하는 원격탐사의 기본 원리는 같은 위치에서 분광 특성이 달라졌는지를 살피는 것이다. 홍수 이전과 이후에 촬영한 위성영상이 있다고 하자. 같은 지역의 분광 특성이 홍수가 나기 전에는 논이었다가 홍수가 난 후 물로 바뀌었다면 이곳은 침수가 발생한 홍수 피해 지역인 것이다.

위성영상에서 가장 널리 쓰이는 정보가 지표반사도이기는 하지만 픽셀들이 모인 형태나 크기 또한 중요한 정보가 된다. 건물이라고 하더라도 집이나 학교, 교회는 그 기능에 따라 모양이나 크기가 다르고, 그 지역의 문화나 생활방식을 반영하기 때문이다. 자연발생적으로 생겨난 도시는 주변 자연환경에 순응하는 형태로 성장하기 때문에 형태가 불규칙한 도로망과 이질적인 토지 이용이 복잡하게 섞여 나타난다. 반면 도시계획

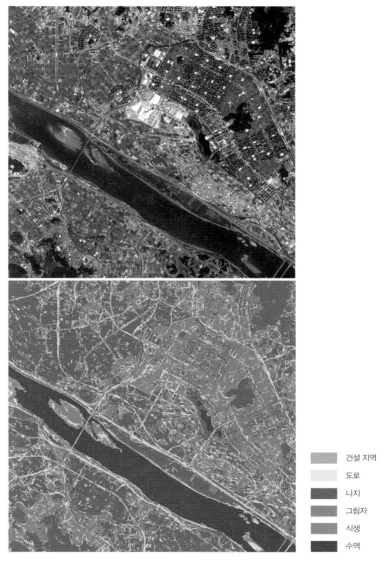

	건설 지역
	도로
	나지
	그림자
	식생
	수역

그림 8 **래피드아이 위성영상**(위)**과 토지피복도**(아래)**. 토지피복도는 도시개발 모니터링이나 기후변화 예측모델 등에 유용하게 활용된다.**

© 김현옥 외, 2012

에 따라 생겨난 신도시 지역은 잘 짜인 교통망과 도시구획을 기초로 여러 시설이 배치되어 있어 정형적이고 직선화된 패턴이 많다. 이러한 모양이나 형태적인 특징들은 위성영상에서 하나의 건물이나 구획을 구성하는 픽셀들의 개수와 배열을 통해 간접적으로 분석할 수 있다. 또 구도심에서 멀리 떨어진 곳에 큰 건물들이 대규모 단지를 이루며 들어서 있다면 이는 신규 택지개발지역에 들어선 새 아파트 단지라고 유추할 수 있는데 이런 공간적인 맥락은 픽셀들의 분포 위치와 패턴 등을 통해 유추해낼 수 있다.

최근에는 원격탐사와 인공지능을 접목하여 지리공간에서 더 복잡하게 나타나는 현상을 분석하고 해석하는 기술도 발전하고 있다. 위성영상의 픽셀에 담긴, 태양복사에너지에 대한 지표 물질의 반사도라는 물리적 특성과 사회, 경제, 문화적 맥락을 연결하면 파파라치 사진에서 연애 중인 두 사람의 관계를 눈치채듯 지구 상에서 일어나는 갖가지 현상들을 설명할 수 있다.

2장

위성영상에
인공지능을
더하면

주차장에서 돈이 보인다

　어쩌면 수수께끼처럼 보일 수도 있는 아래의 사진을 보고 무엇을 찍은 사진인지 생각해보자. 컴퓨터 메인보드의 회로판일까? 아니면 동전을 겹쳐놓은 모습을 멀리서 찍은 것일까?

　정답은 바로 인공위성이 내려다본 미국의 대형 마트와 주차장이다. 각진 형태의 큰 물체는 마트 건물이고, 그 바깥으로 나란히 주차된 자동차들이 보인다. 처음에 사진을 봤을 때 낯설었다면 아마도 우리가 도시에서 흔히 보아온 건물과 주차장의 풍경과 달랐기 때문일 것이다. 위성

그림 9　수수께끼처럼 보일 수도 있는 이 사진은 꽤 많은 정보를 담고 있다.

© Orbital Insight

영상은 하늘에서 본 광경을 보여주지만, 우리는 보통 지상에서 그 옆을 본다. 즉, 시점이 다르다.

그렇다면 다시 한 번 관점을 달리해서 저 대형 마트와 주차장을 보면 여러분은 어떤 생각이 드는가? 주차장이 넓으니 마트까지 꽤나 많이 걸어야겠다고 생각할 수도 있고, 예전에 주차한 곳의 위치를 헷갈려서 고생한 경험을 떠올릴 수도 있겠다. 그런데 이 사진에는 눈에 보이지 않는 투자 정보가 숨어 있다. 힌트는 이 건물이 대형 마트라는 사실! 대형 마트 주차장과 투자가 무슨 상관이 있느냐고 의아해할 수도 있겠지만 분명 상관이 있다. 물건을 사러 마트에 오는 사람들이 많아서 차가 많이 주차되어 있다면 그만큼 소비가 잘되고 경기가 좋다는 뜻이다. 즉, 마트 주차장에 차가 많을수록 경기가 좋다고 해석할 수 있다.

또 같은 주말인데 어느 마트에 특히 사람들이 많이 몰린다면 그 마트는 다른 마트에 비해 매출이 높다고 볼 수 있다. 어쩌다 한 번이 아니라 매주, 매달 그렇게 사람과 차가 많다면 그 마트가 시장에서 차지하는 점유율이 높다고 볼 수 있고, 투자자의 입장에서는 그 기업을 긍정적으로 평가할 수도 있다. 다시 말하면 주말에 마트에 온 차들의 수는 대략적인 소비 경기와 함께 그 기업의 가치를 평가하는 지표가 될 수 있다. 물론 그 마트의 경영 정보와 전반적인 경기에 관해서는 전문적이고 다양한 지표가 있겠지만, 다른 측면에서 현상을 관찰하고 검증하려는 경우에 이러한 자료는 많은 도움이 될 수 있다.

마트 주차장에 주차되어 있는 차량 대수를 시장경제 흐름을 나타내는 지표로 사용할 수 있다는 아이디어는 참신하지만 실제로 적용하는 일은 쉽지 않다. 사람이 일일이 자동차의 수를 세려면 시간이 많이 걸리고 효율적이지 않기 때문이다. 하지만 인공지능의 도움을 받으면 문제를 쉽게 해결할 수 있다.

머신러닝 또는 기계학습은 컴퓨터를 인간처럼 학습시켜 스스로 규칙을 찾아내어 적용하고 판단하도록 하는 기술이며, 이미지를 분석할 때도 많이 쓰인다. 우리 인간이 낯설고 복잡한 장소에서도 자동차를 보면 그것이 자동차라는 사실을 바로 알 수 있는 이유는 살면서 수많은 자동차를 보아왔기 때문이다. 마찬가지로 컴퓨터에게 수많은 자동차 사진을 보여주어 자동차의 특징을 스스로 학습하고 그 안에서 통계적 규칙을 찾게 하는 것이 머신러닝, 즉 기계학습이다. 이렇게 해서 컴퓨터가 학습을 하면 사람이 직접 눈으로 보고 판독하던 일들을 자동화할 수 있다. 학습 데이터가 많을수록 컴퓨터가 분석한 결과의 정확도와 신뢰도가 높아진다. 인공지능을 이용할 때 가장 큰 장점은 무엇보다도 많은 데이터를 신속하게 분석해서 빠른 시간 안에 필요한 사람에게 정보를 제공함으로써 그 가치를 높일 수 있다는 것이다.

부풀려진 환상이 낳은 유령도시

이제 눈을 돌려서 중국 대륙으로 가보자. 중국의 북서부 지역에는 내몽골자치구가 있다. 칭기즈칸으로 유명한 바로 그 몽골족의 후예들이 사는 곳이다. 내몽골자치구에 있는 오르도스는 고대 청동기 문화의 발상지이다. 잘 알려져 있듯이 칭기즈칸과 그가 이끄는 군대가 이 지역을 넘어 아시아 전역과 유럽의 일부까지 호령하기도 했다. 하지만 오르도스는 이후의 역사에서는 그다지 주목을 받지 못했다. 그저 드넓은 초원에서 유목민들이 기르는 말과 양들이 풀을 뜯는 한가로운 땅일 뿐이었다.

그런데 목축업과 농업으로 근근이 살아가던 이 변방 지역에 변화의 바람이 불기 시작했다. 1990년대 들어 오르도스에 많은 석탄과 천연가스가 묻혀 있다는 사실이 밝혀지면서 중국 정부가 적극적으로 개발하기 시작한 것이다. 이 지역에 매장된 석탄은 1,500억 톤 규모로 중국 전체 매장량의 5분의 1을 차지하고, 천연가스도 7,500억 큐빅미터로 중국 전체 매장량의 3분의 1을 차지한다.

대량의 천연자원이 발견되면서 오르도스는 졸지에 신흥 부자 도시가 되었고, 그 덕분에 중국에서 1인당 국민총생산GNP이 가장 높은 곳으로 통한다. 2017년 기준 오르도스의 1인당 국내총생산GDP은 3만 2,000달러로 중국 평균의 세 배를 훌쩍 넘었다. 백만장자들도 많아서 1인당 고급 자동차 보유율이 중국에서 가장 높다고 한다.

하지만 오르도스는 사람이 살기에는 근본적으로 문제가 많았다. 천연자원은 많지만 사막과 초원이라는 지리적 여건 때문에 물이 제대로 공급되지 않았기 때문이다. 중국 정부는 2004년 대규모 신도시를 건설하여 이 문제를 해결하려고 했다. 오르도스에서 25킬로미터 정도 떨어진 곳에 면적이 350제곱킬로미터에 이르고 인구 100만 명을 수용할 수 있는 캉바시라는 도시를 건설하기로 한 것이다.

중국 최고의 부자 도시를 위해 국가가 주도하는 개발은 대규모로 빠르게 추진되었다. 선반 위의 책을 형상화한 공공도서관, 으리으리한 공항과 대형 스타디움, 400개의 음식점이 입점할 수 있는 5층짜리 푸드코

그림 10 중국 캉바시의 텅 빈 광장

트, 형이상학적인 구조의 오페라하우스, 넓은 공원과 광장들, 그리고 수만 채의 초호화 주택을 갖춘 명품 도시 캉바시는 6년 만에 완성된 모습을 드러냈다. 모두가 감탄하는 최고의 외관을 갖추었지만, 세계의 언론들은 이 도시를 사람이 살지 않는 유령도시라고 부르며 조롱 섞인 보도를 내보냈다.

그렇다면 중국 정부가 그렇게 야심 차게 추진한 개발사업은 왜 실패했을까? 막대한 돈과 인력을 투입한 거대 도시는 어쩌다 유령도시로 전락했을까? 그 이유를 살펴보자.

2000년대 초반, 중국은 크나큰 경제 호황을 누리고 있었다. 2008년 리먼 브라더스가 파산한 후 미국을 비롯한 전 세계가 금융 위기로 몸살을 앓았을 때에도 중국은 계속해서 높은 경제성장률을 기록하며 부러움을 샀다. 중국이 전 세계에서 가장 빠르게 성장하는 나라라면, 내몽골은 중국 내에서 가장 빠르게 성장하는 지역이고, 캉바시는 내몽골에서 가장 빠르게 성장하는 도시라는 말이 널리 퍼져 있었다.

중국 정부는 막대한 예산을 들여 캉바시의 도시 인프라를 건설하면 외곽 지역의 농업 인구가 유입되어 도심이 형성되고 산업이 생겨나면서 경기가 살아날 거라고 기대했다. 하지만 결과는 달랐다. 원래 계획했던 인구의 겨우 10퍼센트만이 실제로 거주하게 된 이 도시에는 버려진 건물과 텅 빈 거리가 속출했다. 자연히 영화 속의 유령도시가 떠오른다는 비판이 일었다. 무리하게 사업을 계획하고 추진한 지방정부의 잘못도 크지만, 실제보다 부풀려진 경제 지표와 부동산 거품에도 불구하고 이를 통해 이익을 보려 한 투기 자본들이 유입되고 복잡하게 얽혀서 빚어진 일이었다.

경제의 흐름을 읽는다

중국의 경제 호황과 함께 한국에서도 중국 펀드 열풍이 불어닥친 시기가 있었다. 당시에는 자고 나면 오르는 중국 증시로 국내 자금이 블랙홀처럼 빨려들어 갔다. 전문 지식 없이 벌이는 묻지 마 투자에 대한 우려도 제기되었으나 친구의 친구가 수익률 100퍼센트를 올렸다는 유혹에 너도나도 중국 펀드로 몰려들었다. 하지만 차이나드림은 오래가지 못했다. 순식간에 중국 증시가 곤두박질치면서 수익은 고사하고 원금마저도 반토막 나는 일들이 벌어졌다.

중국은 성장 가능성이 높은 만큼 투자 가치도 높다. 하지만 공산주의 체제 국가이기 때문에 투명하고 다원화된 정보를 얻기가 어렵다. 중국 정부가 공개하는 경제 지표를 곧이곧대로 신뢰할 수도 없다. 캉바시처럼 외형적으로는 건설 붐이 일고 경제 선순환구조가 만들어지는 것처럼 보이지만 실상은 아주 다를 수 있다.

이럴 때 원격탐사가 진가를 제대로 발휘할 수 있다. 인공위성이 촬영하는 건 외부 공간의 모습인데 사회경제활동을 어떻게 알아낼 수 있느냐는 의문을 품을 수도 있을 것이다. 하지만 우리 인간은 땅을 근간으로 살아가기 때문에 직·간접적으로 지리 공간에 여러 가지 흔적을 남긴다.

예를 들어보자. 우리나라는 도시 지역이 급격히 성장했기 때문에 옛 도심의 모습이 남아 있는 경우가 드물다. 반면 외국의 오래된 도시들은 물을 얻을 수 있는 강 근처에서 생겨난 도심이 교회를 중심으로 발달했다. 인구가 늘면 땅을 개간해서 지은 집들과 농토가 늘어나고, 필요한 물건들을 사고 팔 수 있는 시장이 생긴다. 사람이 오가는 길이 나고 도로가 놓이면 그 주변으로 상점들이 들어서고, 장사가 잘되는 상권은 주변 지역으로 점차 확장된다. 도시가 확장되면 더 많은 사람이 모여들기 때문에 건물은 고층, 고밀화되고 도로는 더 복잡해진다. 그래서 건설 경기는 그 지역이나 국가의 경기를 나타내는 주요 경제 지표 중 하나로 여겨진다.

위성영상을 경제활동을 유추하는 데 활용할 수 있는 여지가 여기에 있다. 지구궤도를 도는 인공위성은 일정한 주기로 같은 지역을 지나므로 여러 시점에 촬영한 영상들을 살펴보면 토지 이용의 변화나 속도를 과학적이고 객관적인 방식으로 추론할 수 있다. 최근 들어 지구관측 인공위성이 많아지고 위성으로 얻을 수 있는 영상이 엄청나게 많아지면서 위성영상과 인공지능을 결합하여 사회경제 지표를 유추하는 모델들을 개발하고 이를 실제 투자 정보로 서비스하는 회사들도 생겼다.

캉바시의 경우처럼 국가가 주도하는 경기부양에는 한계가 있다는 사실이 드러났지만, 중국 정부는 계속해서 도시화를 통한 내수 확대를 세계 금융 위기를 극복할 성장 동력으로 삼는 경제 정책을 고수했다. 주요 거점 도시 외곽의 농촌 지역이 도시 지역으로 흡수되면서 고층건물들이 즐비하게 들어서는 건설 붐이 일었다. 아무것도 없던 나대지에 어느 날부터 건물의 기초가 다져지더니 한 층 한 층 올라가 순식간에 고층건물이 되는 모습이 나타났다.

이러한 중국의 건설 호황과 경기 흐름을 파악하기 위해 미국의 오비탈 인사이트Orbital Insight라는 회사는 위성영상에 나타나는 건물의 그림자에 주목했다. 건물이 높이 올라갈수록 건물 때문에 생기는 그림자의 크기도 변한다는 데 착안한 것이다. 높은 건물은 그만큼 긴 그림자를 드리우게 마련이다. 따라서 지구궤도를 돌며 일정한 주기로 같은 위치에서 같은 시간대에 같은 지역을 촬영한 위성영상 타임 시리즈를 봤을 때 그림자가 커지거나 길어졌다면 건물이 더 높이 올라갔다는 뜻이다.

그런데 위성영상에서 직접 건물의 높이를 재지 않고 그림자를 통해 간접적으로 건물의 높이를 유추하는 이유는 뭘까? 위성영상은 지구 상공에서 아래를 내려다본 모습을 촬영한 것이기 때문에 건물의 높이를 정확하게 측정할 수가 없다. 하지만 건물 때문에 지면에 드리워진 그림자는 영상에 고스란히 담기므로 그 크기를 계산해서 건물의 크기와 높이를 유추할 수 있다. 그리고 무엇보다 위성영상에 나타난 그림자는 인공지능 분석 기법을 이용해서 쉽고 빠르게 분류해낼 수 있다.

그림 11의 두 영상은 중국 상하이 외곽에 대규모 아파트 단지가 들어선 모습이다. 나란히 줄 맞춰 들어선 고층건물들과 그 중간 중간에 공원이 조성되어 있는 모습이 우리나라의 아파트 단지와 크게 다르지 않아 보인다. 두 영상 중 아래의 영상은 그림자 지역을 분류해서 빨간색으로 표시한 것이다.

위성영상을 보고 우리 눈으로도 쉽게 그림자를 구분할 수 있는 것처럼 인공지능도 쉽게 그림자를 분류해낼 수 있다. 위성영상에 기록된 파장대별 반사도가 그림자 지역의 경우 다른 지표 물질에 비해 특히 낮게 나타나기 때문이다. 지표 반사도가 낮은 콘크리트나 아스팔트 도로보다도 더 낮아서 건물에 의해 그림자가 생긴 지역은 뚜렷하게 구분된다. 그림 11을 봐도 도로 위에 드리워진 그림자가 잘 분류된 것을 알 수 있다.

이 그림의 경우에는 호수나 강 같은 수역이 없어서 해당되지 않지만 일반적으로 수역은 파장대별 반사도만으로 그림자와 구분하기가 어렵다. 이때에는 분광 특성 외에 공간적 맥락을 고려할 필요가 있다. 즉, 그

그림 11 중국 상하이 외곽 지역 아파트 단지를 자연색합성한 영상(위쪽)과 그림자 지역만 분류해서 붉게 나타낸 영상(아래쪽)

옆에 건물이 있다거나 또는 형태가 각진 모양이라는 등의 추가적인 정보가 필요하다. 그런 공간적인 맥락이나 형태는 가지각색으로 나타나므로 일관된 규칙을 적용하기가 어렵기 때문에 인공지능 분석 기법을 도입하면 좋다. 이렇게 해서 일련의 시계열 영상에서 추출한 그림자의 크기 변화와 그 속도를 모니터링하면 중국의 도시화 현상을 정량적으로 추론할 수 있다.

이와 유사한 방식으로 미국 회사 스페이스노우SpaceKnow는 중국 제조업에 관련된 6,000여 개의 산업시설 지역에서 신축되는 건물의 수와 규모를 파악해 중국 제조업의 경기 흐름을 읽는다. 지표를 덮고 있는 물질, 즉 도로, 산, 강, 논 등의 토지피복 유형에 따라 태양복사 스펙트럼에 나타나는 특성이 다르다는 것에 착안하여 이들의 변화를 인공지능 알고리즘으로 구현하고 위성영상에 적용한다. 풀이나 흙으로 덮여 있던 곳이 콘크리트나 벽돌 건물로 바뀌는 것을 자동으로 찾아내는 것인데, 산업단지에 새로운 건물이 들어서면 해당 산업이 호황이라는 신호로 보는 것이다. 이런 데이터와 정보가 오랫동안 쌓이면 정량적 지표로도 만들 수 있다.

스페이스노우는 인공지능 학습을 통해 중국 주요 항만의 선박 교통량을 모니터링해서 경기 흐름을 예측하기도 한다. 출항하는 선박의 교통량이 점차 늘거나 또는 줄어드는 경향이 보인다면, 이는 수출 경기가 호황으로 이어질지 아니면 침체로 빠져들 것인지를 보여주는 신호가 될 수 있기 때문이다. 이러한 경제 지표들은 시장 경기의 흐름을 예측하여 투자에 활용하는 주식이나 펀드 등 금융 부문에서 수요가 많다.

위성영상과 인공지능 분석에 기반한 정보 서비스를 제공하는 또 다른 회사로 미국의 텔어스랩TellusLab이 있다. 이 회사는 농업 정보에 특화되어 있는데, 돈을 내고 사야 하는 고해상도 위성영상이 아니라 공공 목적으로 개발된 지구관측 인공위성에서 무상으로 배포하는 위성영상을 사용한다는 점이 눈에 띈다. 텔어스랩은 랜샛Landsat과 센티넬Sentinel 위성이 제공하는 영상 데이터와 미국 항공우주국NASA, 해양대기청NOAA, 농무부 등이 제공하는 부가 정보들을 바탕으로 미국의 2,000개 카운티에서 지난 18년간 하루 단위로 농업 작황 변화를 설명할 수 있는 인공지능 모델을 개발했다. 이 인공지능 모델은 수신된 위성영상을 입력하면 농작물의 현재 생육 상태를 알려주고, 생산량도 예측해낸다. 2016년 텔어스랩은 미국의 콩 생산량이 제곱킬로미터당 약 360톤이 될 거라고 예측했는데, 미국 농무부가 공식 발표하기 2개월 전에 예측한 수치임에도 불구하고 오차범위 1퍼센트 안에 들 정도로 정확했다.

이러한 작황 예측 정보는 농산물 유통이나 수출입 회사는 물론 여러 관련 부문의 재무 계획이나 협상에서도 유용하게 활용될 수 있다. 예를 들어 에탄올 공장에서는 옥수수 농사의 풍작으로 가격 하락이 예상된다면 정해진 예산에서 더 많은 옥수수를 구매할 수 있으므로 에탄올 생산량을 늘려 판매 수입을 올릴 것인지, 또는 옥수수 구매에서 절감된 예산을 다른 부문에 투자할 것인지를 사전에 검토하고 결정할 수 있다. 또 포도 농장의 주인은 풍작이 예상된다면 수확에 필요한 인력을 더 많이 확보할 방안을 마련해야 하고, 흉작이 예상된다면 노동력 절감으로 지출을 줄일 수 있는 방안을 찾을 수 있을 것이다.

석유는 정말 줄었을까

석유 없는 현대 문명을 상상할 수 없을 정도로 석유는 세계 경제에 중요한 역할을 해왔다. 문제는 원유가 주로 중동과 북아프리카 지역에 묻혀 있다는 점이다. 즉, 독과점으로 인한 시장 불균형이 발생한다. 실제로 이 지역의 나라들은 석유를 전략 자원으로 하는 자원 민족주의를 택했다. 1960년대에 석유수출국기구^{OPEC}(오펙)를 결성하고 석유산업을 국유화한 이후 국제 유가는 수요와 공급의 원칙에 따라 움직인다기보다는 주요 산유국들의 정치적 입김에 좌우되어왔다.

오펙은 세계 원유 생산량의 40퍼센트 이상, 그리고 매장량의 70퍼센트 이상을 점유하고 있기 때문에 영향력이 클 수밖에 없다. 이 기구가 원유 생산을 줄이면 유가가 직접적으로 영향을 받고 이는 모든 산업과 세계 경제에 큰 타격을 입힌다. 특히 사우디아라비아는 생산량을 쉽게 증감할 수 있어 그동안에도 수요와 공급의 법칙을 무시하고 원유 가격을 올리기 위해 러시아와 손을 잡는 등 여러 정치적 논란을 일으킨 바 있다.

하지만 1970년대 오일쇼크를 계기로 전 세계가 중동산 원유에 대한 의존도를 줄이려고 꾸준히 노력해온 덕분에 이제는 오펙 회원이 아닌 국가들의 시장 점유율이 충분히 높아졌고, 원자력이나 천연가스, 태양광, 풍력 등 에너지원이 다양해져서 예전과 같이 시장의 힘을 거슬러 정치적 영향력을 발휘하기는 어려워졌다. 그럼에도 불구하고 오펙 가입 국가들의 원유 정책이 세계 경제에 미치는 영향력은 여전히 무시할 수 없다.

2017년 11월 8일, 우리나라의 한 신문이 "사우디 피의 숙청으로 국제 유가 70달러 넘나"라는 제목의 기사를 냈다. 유가 급등은 기름 한 방울 나지 않는 우리나라에서는 굉장히 민감한 사안이기 때문에 당시 여러 신문과 언론이 이 소식을 주요하게 다루었다. 내용인즉슨, 안정적이던 국제 유가가 가파르게 상승하는 데는 의도적인 개입이 있었다는 것이다. 사우디아라비아의 모하메드 빈 살만 왕세자는 유가를 높이기 위해 감산 정책을 강력하게 시행해야 한다고 주장하는 인물인데, 그가 부패를 척결한다는 명분을 내세워, 자신의 의견에 반대하는 사촌 왕자 열한 명과 수십 명의 전·현직 장관들, 그리고 기업인들을 전격 체포했다고 한다. 그런데 당시는 사우디아라비아 최대의 국영 석유회사 아람코가 이듬해 주식상장에 앞서 기업 공개를 하기로 되어 있었기 때문에 강력한 감산 정책을 추진한 이유가 아람코의 가치를 높이기 위한 행보라는 해석이 있었다. 참고로 아람코는 2017년 기업 공개를 시도했으나 2018년에 상장을 철회했다. 아람코가 상장되었다면 현재 시가총액이 세계 최고였을 것이다.

사우디아라비아에서 벌어진 숙청을 보도한 우리나라의 신문들은 사우디아라비아가 오펙 내에서도 최대 산유국인 만큼 세계 유가는 계속해서 상승할 것이라고 전망했다. 국제 유가 시장에서 중요한 정보의 원천으로 통용되는 Jodi^{Joint Organisations Data Initiative} 보고서도 원유의 생산량 감소가 원유 가격이 상승하는 것의 원인이기 때문에 공급이 늘지 않는 한 시장에서의 가격 상승은 불가피해 보인다고 분석했다.

이때 미국의 오비탈 인사이트는 전혀 다른 관측 결과를 내놓았다. 사우디아라비아와 주요 산유국들의 지상 원유 저장고를 분석했더니 원유 재고가 지난 18개월 동안 큰 변화가 없어 보인다는 것이었다. 여기서 흥미로운 점은 오비탈 인사이트라는 회사가 유가 분석 전문기관도 아니고 설립된 지 오래된 중견 컨설팅 회사도 아니라는 것이다. 오비탈 인사이트는 나사에서 근무했던 제임스 크로퍼드^{James Crawford} 박사가 소형 위성 개발이 지구관측 시장에서 변화와 혁신을 주도할 것이며, 위성영상 빅데이터 활용이 우주 분야에서 특히 부가가치가 높은 신산업으로 발전할 거라는 확신과 비전을 가지고 870만 달러의 벤처 캐피털 투자를 받아 2013년에 설립한 회사다. 현재 인공지능 기술을 바탕으로 위성영상을 분석하고 서비스하여 시장의 혁신을 주도하는 대표 기업으로 손꼽힌다.

원유 저장고는 유종에 따라 지붕의 형태가 고정식이기도 하고 플로팅 방식이거나 둘을 합한 복합식이기도 하다. 플로팅 지붕은 내용물의 양에 따라 위아래로 움직이는데, 기름이 저장고를 가득 채우면 가장 높은 위치에 머물다가 기름이 줄어들면 아래로 내려온다. 플로팅 지붕을 쓰는 이유는 휘발성이 강한 휘발유나 원유를 저장하는 데 유리하기 때문이다. 빗물이 유입될 수 있다는 것이 단점이지만 중동지역의 기후는 극도로 건조하기 때문에 문제 될 여지가 없고, 건설 비용이 적게 든다는 것도 장점이다.

오비탈 인사이트는 고해상도 지구관측 영상에서 나타나는 원유 저장고의 특성, 즉 저장된 기름의 양에 따라 지붕의 높낮이가 바뀌면서 지붕 위에 드리워지는 그림자의 크기도 변한다는 것에 주목했다. 그림 12의 위성영상에서 볼 수 있듯이 저장된 원유의 양에 따라 원형 플로팅 지붕이 내려와서 만들어지는 초승달 모양의 그림자 크기가 달라진다. 인공위성 영상 데이터에는 위성의 자세^{position} 정보도 함께 기록되기 때문에 인공위성 카메라에서 저장고를 바라본 각도와 영상에 나타난 그림자 크기의 상관관계를 분석하면 저장고의 높이를 구하고 이를 환산하여 원유의 양을 산출할 수 있다. 다시 말해 전 세계 주요 원유 저장고들이 있는 지역

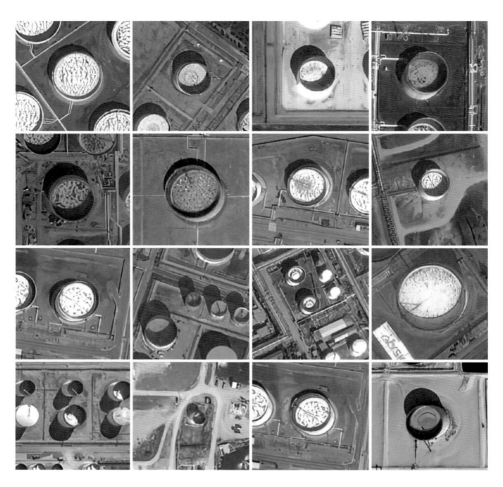

그림 12 원유 저장고의 플로팅 지붕은 저장된 원유의 양에 따라 높이가 변한다. 원유가 줄어 지붕이 내려오면 초승달 모양의 그림자가 생기는데, 이 그림자의 크기 변화를 계산하면 원유저장량의 변화를 파악할 수 있고 나아가 유가변동을 예측할 수 있다.

의 영상 데이터를 확보해서 꾸준히 모니터링하면 기름 탱크에 저장된 원유의 양이 어떻게 변하는지를 파악할 수 있다.

이렇게 과학적으로 원유 저장고를 관찰하고 분석한 결과가 보도된 이후, 언론들이 사우디아라비아 정부에 확인을 요청했으나 총리는 공식 답변을 회피했다고 한다. 맞는 얘기여서 확인을 해주지 않았을 수도 있지만, 그렇다고 오비탈 인사이트의 분석 결과가 100퍼센트 확실하다고 단정해서는 안 된다. 왜냐하면 위성영상 분석은 지상에 건설된 원유 저장고만을 대상으로 하기 때문이다. 일부 원유는 해상에서 채굴되어 파이프라인을 통해 지하 저장고에도 보관되는데 이는 위성영상에서 보이지 않는다. 즉, 사우디아라비아는 실제로 원유 생산을 축소했고, 지하 저장고의 원유 저장량이 줄었을 수도 있다. 하지만 왜 군이 지하 저장고의 원유 저장량만을 줄였을까 하는 의구심은 남는다. 혹시 그것도 아니라면, 밖으로는 강력한 감산 정책을 시행하는 것처럼 행동하면서 실제로는 원유 생산을 줄이지 않고 있었다는 얘기가 된다. 그렇다면 다시 그 이유가 궁금해진다. 정말로 아람코의 몸값을 높이기 위해서였을까? 다른 이유도 생각해볼 수 있다. 당시는 사우디아라비아와 이란의 관계가 악화되어 있을 때여서 혹시라도 분쟁이 발발할 것에 대비해 자국의 석유 저장량을 확보해두려는 것이 아니었을까 하는 합리적 추론도 가능하다.

이처럼 위성영상에서 얻은 정보가 국제 관계나 정치적 이슈, 기업의 마케팅 전략 등 다른 배경 지식이나 정보와 결합되면 여러 가지 방식으로 해석되고 활용되면서 사회·경제 지표로서 부가가치가 높은 고급 정보가 될 수 있다. 그 신호탄을 터뜨린 것이 오비탈 인사이트다.

"한 대의 인공위성은 평균 2주를 재방문 주기로 하여 하루에도 여러 차례 지구궤도를 돌면서 공간해상도가 높은 영상을 제공하고 있습니다. 지금 이 순간에도 지구 상공에는 이런 위성이 수십, 수백여 대에 이릅니다. 여기에서 얻은 위성영상 빅데이터에 인공지능 기술을 결합하면 위성영상은 단순한 사진을 넘어 의미 있는 정보가 될 수 있습니다. 우리의 시도는 새로운 지구관측 시대를 여는 서막에 불과합니다."

오비탈 인사이트의 제임스 크로퍼드 박사가 2018년 언론과 인터뷰하며 한 말이다. 앞으로 공간해상도가 더 높아지고 촬영 주기가 더 빨라지고 가격이 더 내려가면, 위성영상은 한층 더 유용한 정보로 가공되어 우리 생활 속에서 널리 활용될 것이다.

뉴 페이스가 이끄는 뉴 스페이스

제4차 산업혁명과 함께 떠오르는 미래 사회의 키워드는 '뉴 스페이스 New Space'다. 기존의 우주개발은 냉전시대 소련과 미국의 국방력 경쟁에서 시작되었다. 1957년 소련이 스푸트니크 인공위성을 발사하는 데 성공하자 이에 충격을 받은 미국은 나사를 대통령 직속 기구로 창설하고 아폴로 계획을 추진했다. 소련과의 경쟁에서 이겨야 한다는 국가적 목표는 미국 국민들의 지지를 얻었고, 미국 정부는 대규모 예산을 투입할 수 있었다. 하지만 이제 명분보다는 실리를 추구하는 시대가 되면서 우주산업의 패러다임도 민간이 주도하는 쪽으로 바뀌고 있다. 특이한 점은 그 민간 업체가 기존에 정부가 주도한 우주개발을 뒷받침하던 전통적인 방위 산업체가 아니라는 것이다.

우주산업은 많은 투자가 필요한 데 비해 성공 가능성이 낮다. 경제적 이익을 추구하는 민간 기업들이 쉽게 뛰어들 수 있는 분야가 아니다. 그럼에도 불구하고 과감하게 뛰어드는 사람들이 있다. 민간 우주여행 서비스를 선언한 스페이스엑스^{SpaceX}의 일론 머스크^{Elon Musk}와 블루 오리진^{Blue Origin}의 제프 베이조스^{Jeff Bezos}, 그리고 버진 갤럭틱^{Virgin Galactic}의 리처드 브랜슨^{Richard Branson}이 대표적이다.

이들은 1969년 아폴로 11호가 달에 착륙하는 모습을 보고 자란 아폴로 키즈들이다. 이들이 우주에 투자하는 원동력은 어린 시절 꿈꾸었던 우주에 대한 동경과 모험심이다. 이미 창업가로서 엄청난 성공과 부를 축적했기에 새로운 비전을 가지고 더 과감하게 투자하고 도전적으로 뛰어들 수 있는지도 모르겠다.

하지만 단순히 새로운 비전과 자금이 있다고 해서 우주산업에 뛰어들 수 있는 것은 아니다. 새로운 우주시대를 열 수 있는 여러 가지 기술과 제도적 환경이 뒷받침되어야 하기 때문이다. 지금의 뉴 스페이스도 과학기술이 발전하는 한편 컴퓨터와 전자 부품이 소형화되고 신소재가 개발되면서 그 발판이 마련되었다.

예전에는 방 하나를 가득 채우는 슈퍼컴퓨터가 있어야 가능했던 통신 기능을 지금은 한 손에 쏙 들어오는 스마트폰으로 구현할 수 있다. 게다가 이 스마트폰으로 다른 수많은 일을 할 수 있다. 이처럼 많은 전자 부품이 작아지고 성능이 개선되면서 우주 분야에서도 새로운 가능성이 열린 것이다. 부품이 작아지니 위성도 작게 만들 수 있고, 위성이 작아지니 발사하는 데 굳이 큰 로켓이 필요하지 않다. 작은 위성을 만들어 작은 로켓에 실어 보내면 되니 비용도 줄어든다. 한 번의 실패를 크게 부담스러워하지 않아도 되고, 대신 여러 번 발사하면 된다. 위성이 많아지니 군집을 이루어 지구궤도를 돌면서 같은 지역을 더 자주 더 많이 찍을 수 있다.

예전에는 인공위성 한 대를 개발해서 발사하고 운영하는 데 드는 비용이 막대한 만큼 인공위성이 찍은 영상 데이터도 비싸고 귀했다. 이 데이터는 상업적으로 거래되기도 했지만 대부분은 공공기관이 사용했다. 국가나 공공기관의 필요에 따라 위성을 개발했기 때문에 민간 시장의 수요는 크게 반영되지 않았다. 그래서 전통적으로 지구관측 위성영상은 기후변화 연구나 산림, 농업, 도시 등 국토의 이용이나 관리를 위해 필요한 지도를 만드는 데 활용되었다.

이제는 성능 좋고 크기도 작은 인공위성을 적은 비용으로 만들어 발사할 수 있으니 지구관측위성을 활용하는 분야에서도 새로운 흐름이 생겨나고 있다. 한 대를 만들어 발사하는 비용으로 수십 수백 대의 작은 위성들을 만들어 지구궤도에 띄운 다음 더 자주 더 많은 곳을 찍어 더 빨리 지상의 수신국으로 보낼 수 있는 인프라가 만들어지고 있다. 아마존 웹 서비스의 그라운드 스테이션^{AWS Ground Station}과 같이 전 지구를 포괄하는 어마어마한 양의 위성영상 빅데이터를 저장, 관리하며 사용자에게 제공하는 클라우드 서비스가 등장하고, 오비탈 인사이트나 스페이스노우, 텔어스랩과 같이 위성영상 분석에 인공지능 기술을 접목하여 비즈니스에 활용하는 기업들이 생겨나고 있다.

공간정보 시장에 실시간 지구관측을 결합한 신개념 서비스가 등장하고 부가가치가 높아지면서 벤처 자본의 관심과 투자도 늘고 있다. 전문

컨설팅업체인 유로컨설트Euroconsult에 따르면 지구관측 시장은 앞으로 10년간 매년 약 9.4퍼센트씩 증가해서 2028년이면 시가총액 1,200억 달러, 우리 돈으로 15조 원 규모에 이를 것이라고 한다.

여기서 주목할 만한 점은 뉴 스페이스를 주도하는 민간 기업들이 새로운 비전을 가지고 등장한 뉴 페이스인 것처럼, 위성 활용 분야에서도 점점 더 많은 신생 스타트업 기업들이 참신한 아이디어로 눈에 띄는 성과를 내고 있다는 것이다.

새로운 지능이 온다

모든 생명체는 살아가면서 지구 상에 흔적을 남긴다. 특히 우리 인간은 생명을 유지하기 위한 자급자족 단계를 넘어 문명을 이루고 산업을 발달시키는 과정에서 지구 환경을 크게 변화시켜왔다. 이미 학계에서는 인간의 영향으로 나타나는 전 지구적이면서도 장기적인 환경 변화를 새로운 지질시대, 즉 인류세의 시작이라고 봐야 한다는 목소리도 나오고 있다.

80억 명에 달하는 세계 인구가 식량을 생산하기 위해 땅을 개간해 농토를 만들고, 가축을 기르며, 건물을 짓고, 길을 내고, 다리를 놓는다. 도시가 만들어지고 인구가 유입되면서 추가로 필요한 시설들도 생겨난다. 집회가 있는 광장엔 사람들이 모이고, 출퇴근 시간이 되면 도로 곳곳에서 정체가 일어난다. 마치 몸에 나타나는 증상을 보고 의사가 병명을 알아내는 것처럼, 외부 공간에 나타나는 지리적 현상이나 변화들을 관찰함으로써 자연적, 경제적 또는 사회적 맥락을 추정할 수 있다. 이처럼 시각적으로 나타나는 지리공간의 특성을 파악하고 정량적으로 분석해서 눈에 보이지 않는 사회현상이나 경제적인 지표로 해석해내는 지적 능력을 지리공간지능Geospatial Intelligence이라고 한다.

오랫동안 학습하여 쌓은 지식이 여러 가지 경험을 통해 지능으로 발전하는 것처럼 지리공간에 나타나는 외적인 현상과 그 안에 담긴 사회, 경제적인 맥락을 이해하려면 수많은 사례를 통해 학습할 필요가 있다. 앞서 살펴본 오비탈 인사이트나 스페이스노우, 텔어스랩과 같은 회사들이 위성영상 데이터에 인공지능 기계학습을 적용하여 도달하고자 하는 목표는 바로 이 지리공간지능을 구현하는 데 있다. 이미 기반은 마련되었고 새로운 지능의 시대는 성큼 다가왔다.

인공지능 기계학습을 위해 가장 기본적이면서도 중요한 일은 충분한 데이터를 확보하는 것이다. 미국은 1972년 민간 부문의 산업화를 촉진하기 위해 개발된 지구관측위성 랜샛을 발사한 이래 계속해서 후속 위성을 띄우며 지금까지 거의 반세기에 이르는 동안 위성영상 데이터를 축적해왔다. 랜샛 위성이 촬영한 영상은 처음에는 상용화 정책에 따라 판매되었으나 2008년부터 모두 무상으로 배포하고 있기 때문에 누구나 웹사이트에서 다운로드하여 사용할 수 있다.

언뜻 생각하면 위성을 개발하고 운영하는 데 많은 비용이 들어갔으니 영상을 팔아서 수익을 올려야 투자 비용을 충당할 수 있을 것 같지만, 실제 조사에 따르면 데이터를 무상으로 공개한 후에 위성영상을 활용하는 연구개발과 서비스 분야에서 더 많은 일자리가 창출되고 기업의 이익이 증가하면서 국가에 세금으로 들어오는 수입도 증가했다고 한다.

유럽은 2014년에 코페르니쿠스^{Copernicus}라는 전 지구관측 프로그램을 시작했다. 유럽은 이 프로그램을 운영하기 위해 개발하고 발사하는 모든 센티넬 위성 시리즈의 데이터를 무상으로 공개한다는 원칙을 고수하고 있다. 유럽연합 국가들의 세금으로 개발하고 운영하는 만큼 여기서 발생하는 모든 이익을 시민들에게 환원해야 한다는 철학이 깔려 있다. 데이터 공개도 그저 데이터만 배포하고 알아서 쓰라는 소극적인 방식이 아니라 누구나 쉽게 접근해서 이용할 수 있도록 다양한 수요를 반영한 활용 플랫폼의 형태로 서비스한다.

미국과 유럽의 이러한 공공 데이터 정책에 더해 최근 들어 상업용 지구관측 시장이 빠르게 발전하면서 매일매일 어마하게 많은 위성영상 데이터들이 쌓이고 있다. 세계 최초로 군집위성 개념을 고안한 플래닛 랩스는^{Planet Labs} 200여 대의 초소형 위성들이 군집을 이루어 지구궤도를 돌면서 같은 지역을 거의 매일 촬영한 위성영상을 서비스한다. 또 스페이스플라이트 인더스트리^{SpaceFlight Industry}라는 소형 위성 발사 중개업체의 자회사로 설립된 블랙스카이^{BlackSky}는 현재 파트너사의 20여 개 위성이 촬영한 영상을 받아 통합해 서비스하고 있다. 이 회사는 조만간 60대의 자체 소형 위성을 추가로 발사해서 위성의 재방문 주기를 시간 단위로 줄이고 사물인터넷까지 연결하는 서비스를 선보이겠다고 한다. 핀란드의 아이스아이^{ICEYE}는 많은 회사가 광학 위성에 집중하는 사이에 세계 최초로 레이더 센서를 탑재한 소형 위성을 개발하는 데 성공했다. 현재 세 대를 운영하면서 영상을 서비스하고 있는데 시장 수요를 바탕으로 계속해서 위성 수를 늘려나갈 계획이다.

가용한 위성영상 데이터의 폭발적인 증가와 더불어 지리공간지능이 주목을 받게 된 배경에는 컴퓨터 비전^{vision}의 발전이 있다. 컴퓨터 비전은 컴퓨터에 시각을 부여하여 이미지를 분석하고 유용한 정보를 추출하는 기술이다. 간단한 예를 들면 자동차 번호판을 문자로 인식하는 기술이나 현관문 도어록에서 지문을 인식하는 기술, 공장의 생산 라인에서 제품의 불량 여부를 자동으로 선별해내는 기술이다. 좀 더 복잡하게는 딥러닝의 일종으로 이미지를 분류하고 물체를 인식할 수 있다. 스마트폰의 얼굴 인식 기능이나 자율주행 자동차가 움직이는 물체를 감지하고 추적하는 기술이 해당된다.

　위성영상에서 다루는 지리공간과 컴퓨터 비전을 결합하려면 몇 가지 과제가 있다. 사람이 자동차라고 일컫는 사물을 컴퓨터가 위성영상에서 자동차로 인식하고 판별하기 위해서는 사람이 눈으로 보는 인식 체계를 컴퓨터가 이해하는 방식으로 처리하는 복잡한 수학식과 통계 연산이 필요하기 때문이다. 수많은 알고리즘이 개발되어 적용되고 검증을 거쳐 향상되는 과정에서 인공지능 기계학습은 더욱 발전한다. 첫 번째 관문이 위성영상에서 자동차를 구분해내는 것이었다면, 그다음은 그 자동차가 어느 고속도로를 달리고 있는지, 어느 방향으로 향하고 있는지 등을 알아내고 날짜와 시간 같은 부가적인 정보를 결합해서 부가가치를 한층 더 높이는 것이다. 위성영상에 찍힌 자동차를 단순히 자동차가 거기 있다는 의미를 넘어 운전자가 명절을 맞아 고향으로 내려가고 있다는 스토리로 설명할 수 있을 때 그 가치가 달라지는 것이다.

　클라우드 컴퓨팅 기술의 발전도 빼놓을 수 없다. 공간정보 분석에 필요한 위성영상은 용량이 커서 고성능 컴퓨터가 필요한데, 최근에는 빅

데이터를 처리하여 저장하고 공유하는 클라우드 기술이 많이 발전했고 서비스도 다양해졌다. 덕분에 규모가 작은 스타트업 기업들은 자체 서버를 구축하고 관리하는 대신 클라우드 서비스를 이용함으로써 자신들의 역량을 인공지능 기계학습이나 분석 알고리즘 개발에 집중할 수 있다. 오비탈 인사이트나 스페이스노우처럼 각광받는 위성 정보 스타트업 기업들이 자체 위성을 한 대도 갖고 있지 않으면서 고부가 이윤을 창출하고 있는 배경에도 플래닛 랩스나 막사 테크놀로지^{Maxar Technologies} 같은 위성 운영 및 영상 판매 회사들이 제공하는 위성영상 클라우드 서비스가 큰 역할을 하고 있다. 구글도 전 세계에 무상 배포되는 랜샛, 센티넬, 모디스^{MODIS} 위성영상과 기타 지형지도, 기상정보 등을 한데 모아 데이터를 처리하고 분석할 수 있는 구글 어스 엔진^{Google Earth Engine}을 서비스하고 있다.

이처럼 위성영상을 수집하는 데 필요한 인프라를 구축하는 부담이 줄어들어 공간정보 서비스에 집중하는 스타트업 기업들이 더 많아지고 서비스가 다양해지면, 다시 시장이 커지고 투자가 늘고 새로운 일자리가 만들어지는 긍정적인 선순환이 생겨날 것이다.

공간정보의 진화

2005년에 구글 지도가 위성영상을 처음 제공하기 시작했을 때만 해도 사람들은 구글이 지도로 돈을 벌 수 있을 거라고는 예상하지 못했다. 여전히 일반인들에게 구글 지도는 길을 찾거나 호텔 혹은 맛집을 검색하기 위해 애용하는 인기 만점의 공짜 서비스지만, 구글은 이미 광고 수익을 내고 있다. 배달이나 유통, 차량 공유 서비스를 제공하는 기업들도 내비게이션 플랫폼으로 활용하고 있다. 이제 지도는 단순히 중요한 건물이나 도로를 표시한 땅에 관한 그림이 아니라 일상생활을 편리하게 해주는 중요한 정보이자 나아가서 이윤 창출까지도 가능한 사업 아이템이 되었다.

예전엔 사람들이 세상에 무슨 일이 일어나고 있는지 또 어떻게 돌아가는지 알려고 종이 신문을 구독했다. 신문사의 기자들이 취재하고 수집한 정보를 일목요연하게 정리해서 기사로 써서 보도하면 독자는 그걸 바탕으로 사건의 전말을 이해했다. 그런데 이제 우리는 신문을 구독하지 않는다. 네이버나 다음 포털에 주요 일간지는 물론 다양한 독립 매체들이 생산하는 무수히 많은 기사가 올라오기 때문이다. 자신이 편한 시간에 접속해서 필요한 내용만 골라 볼 수도 있고, 시간이 지난 뉴스는 검색으로 찾아볼 수도 있다.

위성영상도 마찬가지다. 지금은 위성영상에 인공지능 기술을 적용해서 고객이 필요한 정보를 제공하는 회사들이 높은 수익을 얻고 있지만, 이미 공간정보 시장에서도 사용자가 직접 시스템에 접속해서 필요한 정보를 찾아 쓰는 사용자 기반의 플랫폼 서비스가 대세가 되고 있다.

부동산 정보를 예로 들어보자. 사용자는 아이디와 패스워드로 플랫폼에 접속한다. 특별한 소프트웨어 프로그램이나 앱을 설치할 필요도 없다. 관심이 있는 구역을 설정한 후, 지난 10년간 그 일대의 위성영상 타임 시리즈 분석을 클릭하면 과거부터 현재까지의 위성영상이 나타나며 각각의 건물들이 언제 지어졌고, 지금 어떻게 사용되고 있는지, 가격 동향은 어떻게 바뀌고 있는지에 대한 정보들을 볼 수 있다. 또 휴대전화 기지국 정보를 바탕으로 인근에 유동인구가 얼마나 많은지, 또 어느 요일 어느 시간대에 가장 많은 사람들이 모이는지, 이들의 동선은 어떤 패턴으로 나타나는지를 지도와 그래프로 보여준다. 큰 도로가 있다면 교통 흐름이나 정체 구간에 대한 정보도 알려준다. 이쯤 되면 부동산 중개업자 없이 사용자 스스로 투자 가치가 있는 매물을 찾아낼 수도 있고, 기업은 잠재 가치가 있는 지역을 찾아 재개발사업을 추진할 수도 있다. 직접 현장에 가보기 힘든 해외 지역에 대한 투자도 고려해볼 수 있다.

이처럼 다양한 지구관측위성이 수집한 영상 데이터들을 한데 모으고 처리하고 분석할 수 있는 알고리즘을 탑재하여 플랫폼으로 제공하면, 고객인 나는 필요할 때 접속해서 원하는 정보를 분석하고 결과를 얻으면 된다. 이미 이와 비슷한 유형의 플랫폼 서비스를 제공하는 회사도 여럿 있다. 초기에 군집위성 영상 판매에 주력했던 플래닛 랩스도 단순히 위성영상을 판매하는 것을 넘어 자동화된 위성 정보를 제공하는 플랫폼 서비스로 사업을 확장했다. 초고해상도 위성영상 시장을 선점하고 있는 막사 테크놀로지의 신개념 플랫폼은 자신들은 위성영상을 제공하고 소프트웨어 개발자들이 여러 가지 분석 알고리즘을 서비스하면, 사용자인 고객은 마치 쇼핑몰에서 쇼핑을 하듯 필요한 영상 데이터와 분석 알고리즘을 골라 클라우드 컴퓨팅 환경에서 분석한 후 결과를 도출해서 필요한 정보를 얻을 수 있다는 개념으로 나아가고 있다.

우리나라가 고해상도 지구관측위성을 여러 대 가지고 있으면서도 공간정보에 대한 보안이라는 틀에 갇혀 앞으로 나아가지 못하고 있는 사이에 세계는 지리공간지능이라는 새로운 시장을 열었고, 그 시장은 하루가 다르게 발전하고 있다. 우리나라 '위성정보보안관리규정'에 따르면, 공간해상도가 30미터보다 높으면서 위치좌표가 정밀하게 보정되어 있는 위성영상은 공개가 제한된다. 또 일반인의 출입이 통제되는 국가보안목표 시설과 군사시설이 포함된 지역을 4미터 이상의 공간해상도로 촬영한 영상은 정밀 보정된 위치좌표에 상관없이 공개가 제한된다. 3차원 좌표가 포함되었다면 공개 제한 기준이 90미터로 강화된다.

하지만 현재 전 세계에 무상 배포되고 있는 미국 랜샛 8호 위성의 공간해상도는 15미터이고, 유럽 센티넬 2호 위성의 공간해상도는 10미터이다. 유료로 판매되는 상용 위성영상의 공간해상도는 최고 0.3미터까지 가능하다. 해외에서는 30센티미터 공간해상도의 위성영상으로 언제라도 우리 국토를 들여다보고 정보화할 수 있는데 정작 우리나라 국민과 기업들은 국가 위성영상에 대한 접근에서부터 어려움을 겪고 있으니 산업화는 더 먼 얘기처럼 들린다.

지구관측위성을 이용하는 공간정보가 민간 부문에서만 시장 가치가 있는 것은 아니다. 인류가 당면한 지구온난화와 환경오염 문제를 해결하고 지속가능하게 발전하기 위해서는 과학적 분석에 바탕한 합리적인 의사결정이 필요하다. 도시와 국가별로 해결해야 할 문제도 있지만 때론 국가를 넘어 전 지구적 차원에서 문제를 바라봐야 할 때도 있다.

유엔은 2015년 9월 누구도 소외되지 않는 인류 모두를 위한 지속가능한 발전을 위해 2030년까지 국제사회가 이행해야 할 도전 과제로 지속가능발전목표SDGs 17개를 채택했다. 그 내용은 빈곤 퇴치, 기아 종식, 건강과 웰빙, 양질의 교육, 성 평등, 물과 위생, 깨끗한 에너지, 양질의 일자리와 경제성장, 산업 혁신과 사회기반시설, 불평등 완화, 지속가능한 도시와 공동체, 책임감 있는 소비와 생산, 기후변화 대응, 해양 생태계,

육상 생태계, 평화롭고 포용적인 사회 발전, 이를 달성할 수 있는 이행 수단 강화와 지속가능 발전을 위한 글로벌 파트너십의 활성화다.

유엔은 이들 각각의 목표를 보다 구체적인 169개의 세부 목표로 정하고, 목표 달성도를 측정할 수 있는 232개 지표도 제시했다. 여기서 특히 유엔이 강조하는 것은 지속가능발전목표가 그저 구호에 그치지 않고 실제로 성공하려면 세부 목표를 달성한 정도를 데이터에 근거하여 평가하고 꾸준히 모니터링해야 한다는 것이다. 그리고 그 데이터들이 하나의 공간정보 시스템으로 통합될 때 현실의 문제를 보다 명확히 보여주고 해결 방안도 찾을 수 있다고 강조한다.

예를 들어보자. 어느 나라의 빈곤율이 30퍼센트라는 사실만으로는 구체적으로 문제가 무엇인지, 또 어떻게 해야 빈곤율을 낮출 수 있는지가 막연하다. 하지만 국가 지도에 행정구역별 빈곤율을 표시하고 토지이용 지도와 중첩하면, 빈곤율이 높은 곳이 도시 지역인지 농촌 지역인지 알 수 있다. 만약 농촌 지역이 문제라면 주로 재배하는 작물이 무엇인지, 최근의 생산량은 어떠한 추세를 보였는지, 혹시 기후변화로 인한 이상 고온이나 가뭄이 생산량에 영향을 미치지는 않는지, 홍수나 태풍 같은 재난 사태에 잘 대비하고 있는지 등 구체적인 현황을 파악할 수 있어 대책을 마련하기도 쉽다. 여기서 지구관측 위성영상 데이터는 토지피복도를 제작하고 농업 지역의 작황을 모니터링하는 데 활용할 수 있다.

앞으로 지구관측 인공위성이 더 많아지고 위성에 탑재되는 센서의 종류와 해상도도 더 다양해질 것이다. 이를 위해서는 더 많은 연구개발이 필요하고, 학문 분야 간 융합은 물론 산학연 네트워크도 필요하다. 공공과 민간 부문의 협력도 필요하다. 무엇보다 참신한 아이디어와 비전을 가진 더 많은 뉴 페이스가 필요하다. 이 모든 것이 어우러져 시너지 효과를 내야 뉴 스페이스도 그 진가가 제대로 발휘될 수 있다.

3장

포스트 코로나19
시대의
지구관측

멈춰 선 세상

2019년 12월 중국 후베이성 우한시에서 원인 불명의 폐렴 환자들이 나타나기 시작했다. 초기에 서른 명이 채 안 되는 환자의 숫자는 큰 뉴스 거리가 되지 않았다. 그전에도 세계 곳곳에서 이상한 질병이나 바이러스 가 발견되곤 했기 때문이다. 그러나 이 폐렴이 순식간에 많은 사람들에 게 전염되고 감염자들의 건강 상태가 심상치 않다는 사실이 알려지면서 여러 나라의 보건당국이 관심을 갖기 시작했다. 얼마 후 세계보건기구 WHO는 이 병에 코로나바이러스감염증-19 Corona Virus Disease 2019, COVID-19 (이하 코로 나19)라는 이름을 붙였다.

감염 확산 속도가 워낙 빠르고 사망자 수가 급증하자 2020년 3월 11일 세계보건기구는 코로나19를 세계적인 대유행병(팬데믹)으로 선언 했고, 지금도 많은 사람이 감염을 두려워하고 있다. 2021년 3월 9일 현 재 확진자가 1억 1,796만 1,937명에 사망자는 261만 5,633명으로 집계 된다.

코로나19는 확진자가 한 명이라도 발생하면 지역사회로 걷잡을 수 없이 퍼지기 때문에 발생 초기에 여러 나라가 사회적 거리 두기와 이동 제한이라는 강력한 조치를 취했다. 이 때문에 재택 근무가 확산되고 사 람들이 외출이나 모임을 자제하게 되자 소비가 줄고 경제활동이 위축되 는 등 여러 가지 파급효과가 나타나기 시작했다. 가장 먼저 전 세계 유명 관광지의 여행객들이 눈에 띄게 줄어들었다.

그림 13과 그림 14는 코로나19 사태 이전과 이후 중국 천안문광장 과 사우디아라비아의 메카를 인공위성이 촬영한 것이다. 천안문광장의

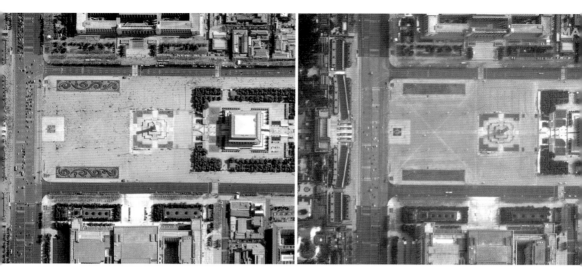

그림 13 **코로나19 전후의 천안문 광장을 촬영한 모습. 같은 2월이지만 2019년(왼쪽)에 비해 2020년(오른쪽)에는 광장의 사람은 물론 도로의 자동차도 부쩍 줄었다.**

사진은 각각 2019년 2월 21일과 2020년 2월 11일에 촬영했다. 도로에 차들이 부쩍 줄었고, 특히 광장에 사람의 모습이 거의 보이지 않는다. 그림 14의 사우디아라비아 메카의 사진은 모두 2020년에 촬영했는데 왼쪽 2월 14일의 사진과 비교하면 오른쪽 3월 3일에는 방문객이 4분의 1 정도로 줄었다.

　현대 사회의 산업구조는 여러 나라와 전문 분야들이 매우 복잡하게 연결되어 있다. 유통이 잘 발달한 덕분에 원자재를 생산하는 곳과 제품을 가공, 조립하는 곳이 서로 지구 반대편에 위치해도 경제활동에는 별 지장이 없다. 이처럼 전문화되고 분업화된 구조 속에서 여러 단계의 공정을 거쳐 완성된 제품들이 전 세계로 유통된다.

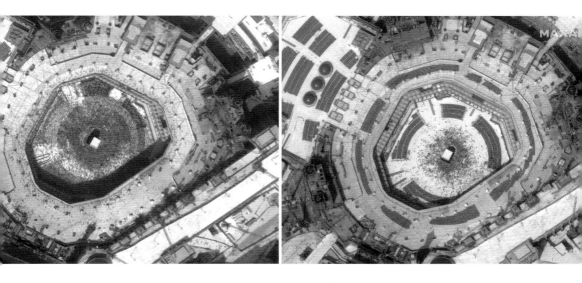

그림 14 **코로나19의 여파로 사우디아라비아의 메카도 2020년 2월**(왼쪽)**과 3월**(오른쪽) **사이 방문객이 눈에 띄게 줄었다.**

코로나19 바이러스의 발원지라고 알려져 있는 중국의 제조업은 글로벌 경제에서 차지하는 비중이 커서 전 세계 어느 마트나 백화점, 문구점을 가도 '메이드 인 차이나'가 아닌 제품을 찾아보기 어려울 정도다. 그런데 2020년 1월 말, 중국 정부가 코로나19 바이러스의 확산을 막기 위해 국가봉쇄령을 내리자 글로벌 기업들의 생산에 차질이 빚어지지 시작했다. 그 여파로 관광업 못지않게 글로벌 산업에서도 코로나19의 영향이 나타났다. 그림 15는 중국 텐진시에 위치한 폭스바겐 생산 공장의 모습을 비교한 인공위성 영상이다. 2019년 5월 1일에 촬영한 왼쪽 영상을 보면 주차장이 생산된 자동차로 가득한 반면, 2020년 3월 3일에 촬영한 오른쪽 영상에서는 주차장의 절반 정도가 비어 있다.

그림 15 **중국 텐진시에 위치한 폭스바겐 공장의 코로나19 전후 모습을 비교한 영상. 2019년 5월**(왼쪽) **영상에서 주차장을 회색으로 가득 채운 출하 대기 중인 자동차가 2020년 3월**(오른쪽) **영상에서는 거의 절반으로 감소했다.**

© Planet Labs, Bloomberg

이는 중국 내의 제조업에서만 나타난 문제가 아니었다. 중국이 강력한 봉쇄령을 내려 외국을 오가는 선박과 항공기의 운항까지 전면 중단되자 중국으로부터 원자재나 제품을 공급받아 유통하는 국제 물류 시장도 타격을 받았다. 특히 중국과 많은 교역을 하는 우리나라는 전년도 대비 중국 수출입 물동량이 2020년 1월에는 5퍼센트, 2월에는 12퍼센트로 급격히 줄었다.

그림 16 우리나라 대구 지역의 한 물류센터를 2020년 2월 10일(왼쪽)과 23일(오른쪽) 촬영한 모습. 대구 지역에서 대규모 감염사태가 발생하고 강력한 사회적 거리두기가 시행됨에 따라 물류센터의 업무가 차질을 빚으면서 배송을 나가지 못하고 주차장에 대기하고 있는 택배용 화물차들이 많아졌다.

© Orbital Insight, Airbus

그림 16은 우리나라 대구 지역 한 물류센터의 2020년 2월 10일과 23일의 모습을 비교한 것이다. 왼쪽 위의 직원용 주차장에 주차된 자동차 수는 확연히 줄어든 반면 중앙에 있는 업무용 차량 주차장의 화물차는 확연히 많아졌다. 두 사진을 각각 촬영한 날짜의 중간 시점인 2월 중순은 대구에서 코로나19 확진자가 처음 발생한 후 청도대남병원에서 대규모 감염 사례가 나타나면서 강력한 사회적 거리 두기가 시행되던 때이다. 물

류회사의 물류량 변화에 관한 정확한 자료가 없어서 단정할 수는 없지만 물류센터 직원들의 출근이 제한되고 업무가 차질을 빚으면서 택배용 트럭들이 배송을 나가지 못하고 주차되어 있다고 추정할 수 있다.

이처럼 위성에 기반한 지구관측은 직접 현장에 갈 수 없는 상황에서 사건 전후의 영상을 비교하여 사태를 파악하는 데 큰 도움이 된다. 하지만 사람의 눈으로 확인하는 것만으로는 정량적인 해석을 할 수 없다는 한계가 있다. 앞의 사례에서 중국 톈진시의 자동차 생산은 절반 정도가 줄었다고 비교적 쉽게 추측할 수 있는 반면, 대구의 사례처럼 트럭들이 띄엄띄엄 주차되어 있는 사진만으로 변화 정도를 정확하게 추정하기는 어렵다. 그렇다고 사람이 일일이 주차된 트럭의 수를 세는 것도 쉬운 일은 아니다.

다행히 최근 인공지능이 발달하고 위성영상으로 자동차나 건물, 나무 같은 물체를 인식하고 탐지하는 기술이 정교해지고 있어 정량화한 분석에 많은 도움이 된다. 오비탈 인사이트는 딥러닝 기술로 대구 물류센터 사진을 분석하고 변화한 차량 수를 추산했는데, 결과에 따르면 직원 주차장의 차량은 2020년 2월 10일 500대에서 2월 23일에는 251대로 절반이 줄었고, 화물 주차장의 차량은 120대에서 239대로 두 배나 늘었다.

우주에서 대기오염을 감시한다고?

코로나19 사태 같은 전염병으로 사회적 거리 두기나 생활 속 거리 두

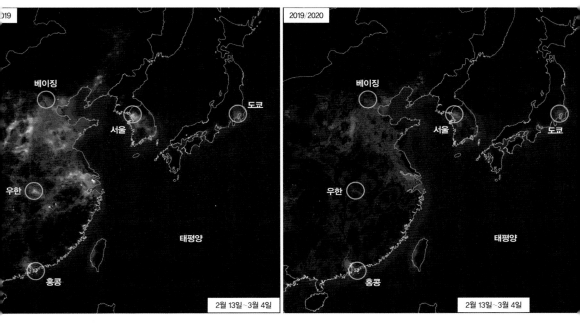

그림 17 코로나19로 중국에 봉쇄령이 내려지고 공장 가동이 중단되자 베이징 남쪽과 상하이 인근 산업단지의 대기오염 핫스팟이 사라지고, 서울의 대기질도 눈에 띄게 좋아진 것을 확인할 수 있다.

기가 시행되면 사람들 간의 교류가 줄고 사회활동이 축소되면서 경기가 나빠진다. 사태가 지속되면 소득이 줄고 폐업이 늘어 가계경제는 물론 국가경제 위기라는 부작용을 낳는다. 하지만 다른 한편으로는 공기가 좋아졌다는 장점이 있다.

우리나라는 매년 봄마다 중국에서 생겨 불어 오는 황사와 미세먼지 때문에 골머리를 앓았는데, 2020년에는 많은 중국 공장들의 가동이 중단되고 교통량이 줄어든 덕분에 서울의 대기 질이 확연히 좋아졌다. 그림 17은 유럽의 지구관측 프로그램인 코페르니쿠스 대기 정보 서비스에서 동아시아 지역의 이산화질소의 농도 변화를 비교한 영상이다. 왼쪽의 2018/2019년 자료에서 노란색으로 표시된 대기오염 심각 지역이 오른쪽의 2019/2020년 자료에서는 거의 사라진 것을 확인할 수 있다.

온실가스 중 하나인 이산화질소는 대기 중에 머무는 시간이 짧기 때문에 방출된 지점 가까이에서 탐지되는 것이 특징이다. 따라서 이산화질소의 농도가 높은 지역은 자동차의 이동량이 많아 배기가스가 많이 나오는 곳이거나 대기오염 물질을 많이 방출하는 산업단지 주변이라고 볼 수 있다. 그림 17에서 베이징 남쪽에 노랗게 두드러져 보이는 중국 화북지역은 석탄과 석유, 노동력이 풍부하여 공업이 발달한 곳이다. 또한 우한 오른편의 상하이는 중국에서 가장 큰 도시이자 경제, 문화, 상업, 금융, 통신의 중심이다.

코로나19가 유행하던 초기에는 대부분의 바이러스가 고온에 취약하기 때문에 이 신종 바이러스도 겨울이 지나 봄이 되고 기온이 오르면 확산세가 진정될 거라는 얘기가 돌았다. 당시에는 한겨울을 지나고 있던 중국이나 한국과 달리 상대적으로 기온이 높았던 인도나 남아메리카 국가들에서는 실제로 코로나19 바이러스가 크게 퍼지지 못하는 것처럼 보였다. 그럴듯한 말 같지만 보다 설득력이 있으려면 객관적인 데이터에 기반하여 검증되어야 한다.

그림 18은 코페르니쿠스 대기 정보 서비스에서 제공하는 2020년 5월 기준 전 세계 기온 분포와 코로나19 감염에 의한 사망자 수다. 지도에서 기온이 높을수록 파란색에서 주황색으로 색깔이 바뀐다. 빨간색 원은 사망자 규모를 뜻하며, 사망자가 많을수록 원의 크기가 크다. 자세히 보면 비슷한 위도에 위치하여 기온 분포가 비슷한 국가나 도시들 사이에서

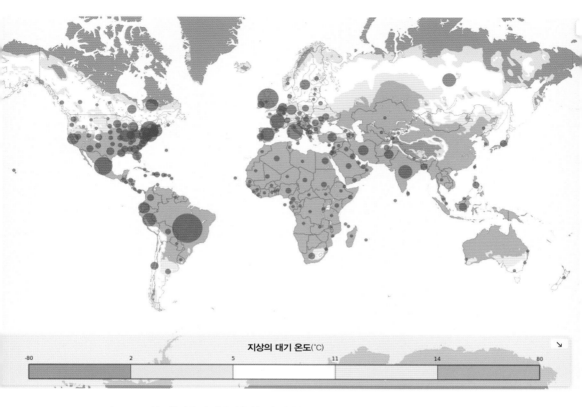

지상의 대기 온도(°C)

| -80 | 2 | 5 | 11 | 14 | 80 |

그림 18 **2020년 5월 기준 전 세계 기온 분포와 지역별 코로나 사망자 수의 규모를 보여준다. 기온 분포가 비슷한 국가나 도시들 사이에서 사망자 수의 편차가 크다는 것은 기온과 코로나19 바이러스 확산 간에 직접적인 상관관계가 없다는 것을 의미한다.**

도 사망자 수의 편차가 크다는 사실을 알 수 있다. 기온과 코로나19 바이러스 확산 간에 직접적인 상관관계가 없다는 뜻이다.

코로나19는 급성 호흡기 질환의 일종이다. 지금은 전 세계가 코로나19에 촉각을 곤두세우고 있지만, 사실 그전부터도 호흡기 질환의 심각성, 특히 대기오염이 야기하는 문제는 꾸준히 보고되고 있었다. 세계보건기구에 따르면 전 세계 인구 10명 중 9명이 오염된 대기에 노출되어 있으며, 이 때문에 매년 약 700만 명이 사망한다. 우리나라도 호흡기 질환으로 병원을 찾는 사람들이 점점 늘고 있는데, 특히 어린이와 청소년에게서 가장 많이 나타나는 질병이 호흡기 질환이라고 한다. 따라서 국민 건강 보호 차원에서도 대기환경을 모니터링하고 예측하여 정보를 제공하는 일은 중요하다.

앞에서 언급한 코페르니쿠스의 대기환경 정보는 유럽우주국의 센티넬 5P호 위성이 관측한 데이터를 기반으로 서비스된다. 센티넬 5P호는 2015년 발사되어 824킬로미터 상공에서 17일 주기로 지구궤도를 돌면서 대기 중의 오존과 이산화질소, 이산화황, 일산화탄소, 공기에 섞여 있는 미세한 입자인 에어로졸을 측정하는 대기환경 관측 위성이다.

그림 19는 센티넬 5P호 위성이 2017년 11월과 2018년 7월 사이에 관측한 정보를 가공하여 페르시아만과 인도 지역의 이산화황 농도를 분석한 지도이다. 짙은 빨간색으로 농도가 높게 나타난 페르시아만 일대는 세계 최대의 석유산업지대이고 인도의 차티스가르 지방은 철강산업이 발달한 곳이다.

대기환경은 오염원의 위치와 배출 규모에 영향을 많이 받는다. 대기오염 정도는 특정 요일에 심해지거나, 하루 동안에도 시간대별로 달라질 수 있다. 날씨에도 영향을 받는다. 예를 들어 날씨가 추워지면 사람들이 난방을 많이 하므로 주거 지역에서 대기오염 물질이 많이 배출된다. 또 고기압 환경에서는 대기가 정체되어 방출된 오염 물질이 대기 중으로 퍼져 사라지지 못하고 배출된 곳 가까이에 축적되어 농도가 높아진다.

이처럼 대기는 계속 순환하기 때문에 그 변화나 추이를 정확하게 파

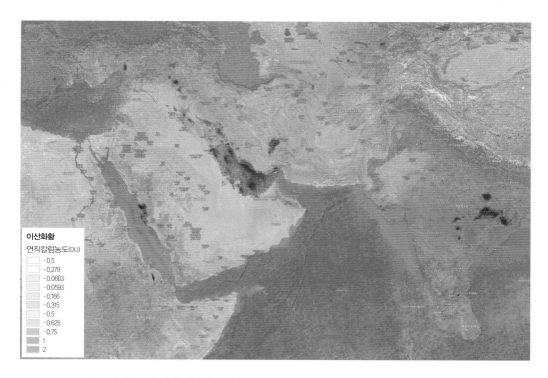

그림 19 센티넬 5P호 대기환경 관측 위성에서 얻은 정보로 이산화황의 농도를 분석한 지도. 이산화황의 농도가 최고치를 기록하는 대기오염 심각지역은 세계 최대의 석유산업지대로 알려진 페르시아만 일대와 철강산업이 발달한 인도 차티스가르 지역이다.

악하기 위해서는 실시간으로 관측할 필요가 있다. 유럽은 정지궤도 위성인 센티넬 4호와 저궤도 위성인 센티넬 5호와 5P호를 조합한 실시간 대기질 감시 체계를 구상하고 있으며, 센티넬 4호와 센티넬 5호는 현재 개발 중이다. 센티넬 5P호 위성의 P^{Precursor}는 앞서 테스트한다는 의미가 있다.

유럽에 센티넬 4호가 있다면 우리나라에는 천리안 2B호가 있다. 2011년에 이 위성을 개발하기 시작했을 때는 정지궤도에서 대기환경을 관측한다는 선례가 없었다. 그래서 위성을 개발하는 과정에서 많은 어려움을 겪기도 했지만 마침내 2020년 2월 19일 성공적으로 발사되어 시범운영 중이다. 천리안 2B에 탑재된 환경센서는 동쪽으로는 일본, 서쪽으로는 인도네시아 북부와 몽골 남부까지를 포함하는 아시아 지역의 대기 질 상태를 상시 관측할 수 있다. 덕분에 아시아 어느 지역에서 미세먼지가 생성되고 발달하며, 어떤 경로로 이동하여 우리나라에 영향을 미치는지, 또 국내 어느 지역에서 고농도 미세먼지가 발생하는지 등의 상세한 대기 정보를 제공할 수 있다. 곧 유럽의 센티넬 4호 위성이 발사되면 우리나라 환경위성과 대기관측 정보를 공유함으로써 전 세계의 대기 질을 보다 정확히 모니터링하는 데도 기여할 것이다.

정지궤도와 태양동기궤도

인공위성은 특정 목적을 가지고 지구궤도를 도는 인공 물체를 말한다. 로켓에 인공위성을 실어 발사한 후 일정 궤도에 올려놓으면, 지구가 위성을 잡아당기는 중력과 위성이 밖으로 나가려고 하는 원심력이 서로 평형을 이루므로 위성이 지구궤도를 돈다. 목적에 따라 방송위성, 통신위성, 항법위성, 첩보위성, 군사위성, 기상위성, 해양위성 등으로 부르는데, 그중에서 지구환경을 모니터링하는 위성을 통틀어 지구관측 인공위성이라고 한다.

지구관측 인공위성이 지구를 바라보는 방법은 크게 두 가지다. 멀리서 항상 지켜보거나 가까이에서 일정한 주기로 자세히 살피거나. 이는 인공위성이 지구를 도는 궤도와 관련이 있는데 전자는 정지궤도라고 하고, 후자는 저궤도, 극궤도 또는 태양동기궤도라고 한다.

여기서 잠깐! 정지궤도라고 하니 인공위성이 우주 공간에 정지해 있다는 말인가 하고 고개를 갸웃할 수도 있겠다. 인공위성 자체가 지구궤도를 도는 인공 물체를 일컫는 것인데 위성이 정지해 있다면 모순이니까.

지구에서 3만 6,000킬로미터 떨어진 거리에서는 지구의 자전주기와 인공위성의 공전주기가 같다. 제자리에 서서 팔을 뻗고 한 바퀴 도는 모습을 머릿속에 그려보자. 손에는 카메라가 들려 있다. '셀카'를 찍으며 한 바퀴를 돈다면 주변의 모습은 바뀌어도 사진에는 내 얼굴만 찍혀 있을 것이다. 몸을 지구라고 하고 손을 인공위성이라고 가정하면, 인공위성은 지구가 자전하는 동안 같은 속도로 지구 주변을 돌면서 인공위성의 카메라도 같은 지역만 바라보게 된다. 다시 말해 인공위성은 항상 나와 함께 돌며 나를 바라보는 위치에 고정되어 있는 것처럼 보이는 것이다. 그래서 이 궤도를 정지궤도라고 하고, 정지궤도에 놓여 지구를 관측하는 위성을 정지궤도 위성이라고 한다. 실제로 인공위성이 우주 공간에 고정되어 있는 것은 아니다.

그림 20 **우리나라 정지궤도 기상위성인 천리안 2A호가 2018년 12월 성공적으로 발사된 후 2019년 1월 26일 처음으로 촬영한 지구 영상이다.**

© 한국항공우주연구원

　　1961년 인류 최초로 지구궤도를 도는 우주 비행에 성공한 소련의 우주비행사 유리 가가린은 "지구는 경이로울 정도로 아름다운 푸른 빛이었다"라고 말했다. 그가 도달한 우주는 지구에서 약 100킬로미터 떨어진 거리였다. 그렇다면 너무 멀어서 아무것도 보이지 않을 것 같은 3만 6,000킬로미터나 떨어진 곳에 인공위성을 띄우는 이유는 뭘까?

　　그 이유는 대상에서 멀어질수록 시야가 넓어지면서 전체를 볼 수 있기 때문이다. 게다가 정지궤도 위성은 한곳에만 시선을 고정하고 계속 바라보기 때문에 넓은 지역에서 짧은 시간 간격으로 일어나는 변화를 보는 데 유리하다. 대표적으로 기상관측을 들 수 있다. 구름의 생성과 태풍의 이동 경로, 저기압과 고기압이 발달하여 만드는 바람의 이동, 대기의 온도 변화 등의 날씨 관련 정보를 제공하는 기상위성은 대표적인 정지궤도 위성이다.

멀리 있으면 전체를 볼 수 있지만 자세히 볼 수는 없다. 자세히 보려면 가까이 가야 한다. 지구 가까이, 즉 고도가 상대적으로 낮은 저궤도 위성은 주로 남극과 북극을 지나도록 설계하기 때문에 극궤도 위성이라고도 한다. 지구는 서쪽에서 동쪽 방향으로 자전하고 인공위성은 양 극지, 즉 남북 방향으로 공전하기 때문에 전 지구 상공을 돌며 관측할 수 있다.

극궤도 위성을 설계할 때는 태양이라는 광원을 가장 중요하게 고려해야 한다. 우리가 사진을 찍을 때 빛이 필요한 것처럼 인공위성도 태양에서 오는 빛이 있어야 영상을 찍을 수 있기 때문이다. 따라서 인공위성이 지구를 도는 궤도가 태양과 일정한 각도를 이루도록 설계하는데 이러한 궤도를 태양동기궤도라고 한다. 태양동기궤도 위성들은 가깝게는 지구에서 수백 킬로미터부터 멀리는 수천 킬로미터 떨어진 거리에 위치한다.

이처럼 지구에서 수백 킬로미터나 멀리 떨어진 인공위성이 찍는 영상은 얼마나 선명할까? 2004년 12월 26일 인도네시아 인근 인도양 일대에서 쓰나미가 발생하여 28만 명에 이르는 사망자가 발생했다. 가족과 함께 즐거운 크리스마스를 즐기던 들뜬 분위기는 온데간데 없어졌고, 뉴스들은 연일 늘어나는 사망자와 실종자 수, 피해 규모를 보도하기에 바빴다. 이때 사건 현장의 상황을 보여주는 위성영상 한 장이 공개되었다. 미국 퀵버드QuickBird라는 인공위성이 스리랑카 칼라투라 해안을 촬영

그림 21 미국의 퀵버드 위성에서 2004년 12월 26일 스리랑카 칼라투라 해안에 강력한 해일이 밀어 닥치는 모습을 촬영한 영상이다.

한 영상이었다. 당시 군용 위성을 제외한 민간 부문에서 최고의 공간해상도를 자랑했던 이 지구관측위성은 강력한 해일이 밀어닥치고 인근 지역이 물에 잠긴 모습을 너무나도 선명하게 보여주었다. 지구에서 600킬로미터 넘게 떨어진 거리에서 찍은 사진이라는 것이 믿어지지 않을 정도로 건물의 윤곽은 물론 도로와 주차된 자동차, 나무의 형태와 대략적인 숫자도 파악할 수 있을 정도였다. 이후부터 인공위성에 탑재되는 카메라의 기술은 더 정교해지고 종류도 많아져서 이제는 항공사진에 버금가는 수준이 되었다.

인공위성이 바꾸는 세상

인공위성을 개발하고 발사해서 운영하는 일은 그 나라의 역량에 비례한다고 할 만큼 체계적인 연구개발 능력과 전략, 예산과 시간이 필요하다. 그래서 인공위성은 전통적으로 국가가 주도하여 엄청난 세금을 들여 만들어왔다. 세계 역사상 가장 큰 지구관측위성이라는 유럽의 환경위성 엔비샛Envisat은 2002년 발사되었는데 크기가 26미터×10미터×5미터이고 무게는 8,211킬로그램에 달한다. 개발비용도 어마어마해서 20억 유로, 우리 돈으로 2조 6,000억 원 정도 된다. 2012년 발사된 우리나라의 아리랑 3호 위성은 지름이 약 2미터에 높이가 3.5미터, 무게는 980킬로그램, 개발비용은 2,900억 원 정도 된다. 위성의 목적이나 기능에 따라 다르지만 과학기술이 발전하고 부품들이 소형화되면서 인공위성도 점점 작고 가벼워진다.

크기가 특히 아주 작은 위성을 나노위성이라고 한다. 가로, 세로, 높이가 각각 10센티미터인 정육면체를 기본 단위로 해서 정육면체 하나가 그 자체로 위성이 될 수도 있고, 정육면체 여러 개를 모아 한 대의 위성을 만들기도 한다. 무게도 10킬로그램 미만으로 작고 가볍다. 기본 정육면체의 크기가 장난감 큐브를 닮았다고 해서 큐브샛이라고도 한다. 사실

단위

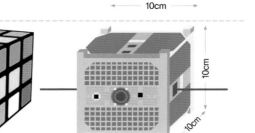

10cm

10cm

10cm

1유닛

최대 24유닛

그림 22 **크기가 장난감 큐브에 비할 정도로 아주 작은 위성을 나노위성 또는 큐브샛이라고 한다. 큐브 하나의 크기를 1유닛이라고 하고 최대 24유닛까지를 나노위성으로 본다.**

© Canadian Space Agency

큐브샛은 실용위성이라기보다는 학생들의 교육이나 과학실험용으로 여겨졌다. 2014년 2월 미국 회사 플래닛 랩스가 도브[Dove]라는 큐브샛 28대를 군집으로 띄우고 공간해상도 5미터의 고해상도 영상을 제공하는 데 성공하기 전까지는.

플래닛 랩스를 설립한 크리스 보쉬즌[Chris Boshuizen]과 윌 마셜[Will Marshall], 로비 싱글러[Robbie Schingler]는 모두 나사 에임스 연구센터[NASA Ames Research Center] 출신이다. "내 셔츠 주머니 안에 들어가는 스마트폰도 웬만한 인공위성보다 성능이 좋은데 인공위성 개발은 왜 이렇게 돈이 많이 들어가는 거야?" 한 동료의 농담 섞인 질문이 발단이었다. 생각해보니 스마트폰에도 고해상도 카메라가 있고 통신 기능이 있으니 인공위성이 되지 못할 이유가 없었다. 이들은 곧바로 시험에 들어갔다.

먼저 저온 진공 챔버 테스트를 거쳐 스마트폰이 저궤도 우주의 혹독한 추위를 견딜 수 있다는 것을 확인한 후, 극한 발사 환경에서도 충분히

견고한지를 시험하기 위해 다른 탑재체를 싣고 발사 예정이던 과학로켓에 끼워 보내보기로 했다. 로켓 측면에 구멍을 뚫어 스마트폰 카메라로 사진을 찍을 수 있게 하고 스마트폰의 화면 방향 자동 전환을 위해 내장된 가속도계를 이용해 물리 데이터를 측정하도록 했다. 그런데 이 로켓이 발사 전 미리 분리되어 폭발하면서 그 안에 실려 있던 모든 장비들이 산산조각 나고 말았다. 다행히 로켓 파편들 중에서 스마트폰을 찾을 수 있었는데 메모리카드에는 데이터가 잘 기록되어 있었다. 스마트폰이 극한 환경에서도 무리 없이 잘 작동할 수 있다는 가능성이 입증되는 순간이었다. 그다음으로 이들은 스마트폰을 큐브샛에 장착하고 벌룬에 묶어 우주궤도가 시작되는 약 30킬로미터 상공까지 띄운 후 지상국과의 교신을 시도했다. 역시 성공이었다. 이로써 우주에서 지구 사진을 찍어 보내는 폰샛PhoneSats이 탄생하게 되었고, 계속 업그레이드되면서 수많은 큐브샛 개발에 기여하고 있다.

큐브샛의 가능성을 확인한 세 명의 과학자는 나사를 나와 플래닛 랩스라는 회사를 설립했다. 그리고 기존과는 전혀 다른 방식의 위성 개발을 시도했다. 전체 시스템을 여러 개의 서브 시스템으로 나누어 설계하고 분석, 시험, 검증을 거쳐 마지막 단계에서 최종 완성하는 전통적인 우주개발 방식이 아니라 가장 간단히 만들 수 있는 시제품을 만들어 테스트하고 문제가 있으면 보완해나감으로써 완성에 이르는 유연한 방식이었다. 이들은 캘리포니아 쿠퍼티노의 한 차고에서 노트북과 스마트폰에 쓰이는 기성 부품들을 이리저리 조립하고 뚝딱거려 위성을 만들고 테스트를 거치며 성능을 개선했다. 대단한 장비나 넓은 실험실이 필요한 것도 아니어서 돈과 시간을 절약할 수 있었다. 그리고 마침내 '도브'라는 이름의 큐브샛을 완성했고, 2013년 4월 도브샛 1호와 2호를 우주궤도에 올려 지구 사진을 촬영하고 전송받는 데 성공했다. 그다음 해 2월에는 28대의 위성을 군집으로 띄우는 데도 성공했다.

현재 플래닛 랩스에서 운영하는 군집위성을 플래닛스코프Planet Scope라고 부르는데 200여 대에 달하는 도브 위성으로 구성된다. 똑같은 위성 200대가 군집을 이루어 같은 궤도를 돌면서 지구를 관측하니 한 대의 위성으로 운영할 때보다 같은 지역을 더 자주 촬영할 수 있게 되었다. 거의 매일 전 지구를 고해상도로 촬영할 수 있는 군집위성은 위성영상 시장의 판도를 바꾸었다. 무엇보다도 지구 곳곳에서 일어나는 기후변화 위기를 보다 선명하게 직시할 수 있게 해주었다.

플래닛 랩스의 첫 지구관측 목표는 세계 곳곳의 불법 산림 벌채와 산불을 감시하는 것이었다. 대규모 피해가 발생하기 전에 그 징조를 발견하고 막을 수 있다면 지구환경을 지키는 데 큰 도움이 되기 때문이다. 실제로 화재 발생 10여 분 만에 산불을 감지한 적도 있는데 당시 해당 카운티의 지역 텔레비전 방송국이 그 불을 다른 지역에서 발생한 것으로 오보하는 바람에 여러 가지 혼선이 빚어졌다고 한다. 생각해보면 인구가 적거나 미국처럼 땅덩어리가 큰 나라에서 시시때때로 예고 없이 발생하는 산불의 정확한 위치를 파악하려면 군집위성이 꼭 필요할 것 같다.

기존의 덩치 큰 위성들이 하지 못했던 매일 촬영이 가능해지자 다양한 민간 부문에서 플래닛스코프의 영상 서비스에 대한 수요가 생겨나기 시작했고 이들의 혁신적인 실행력을 높이 평가한 벤처 투자액도 늘었다. 이제 대세는 소형 군집위성이라고 할 만큼 시장의 반응도 뜨겁다. 2018년 유로컨설트의 분석에 따르면, 500킬로그램 미만의 소형 위성은 2017년

소형 위성의 시장 가치

73%

73%의 수요가 북미와
아시아 지역에서 발생

미래 위성 시장의
수요는 80%가
군집위성

7,038대의 소형위성이
2027년까지 발사될 예정

소형위성의 활용 시장

그림 23 유로컨설트에 따르면 앞으로 인공위성 시장은 소형위성이 대세이다. 전체 위성 수요 중 군집위성
이 80퍼센트를 차지하고 있으며, 2027년까지 7,000대가 넘는 소형위성이 발사될 계획이다.

© Euroceonsult

을 기준으로 지난 10년간 1,187대가 발사되었는데 다가올 10년간은 그
다섯 배 수준인 7,038대가 발사될 거라고 한다.

작은 위성이 지구관측 분야에서만 센세이션을 일으킨 것은 아니다.
테슬라 전기자동차로 잘 알려진 일론 머스크는 재활용 로켓의 신화를 쓴
스페이스엑스의 대표이기도 하다. 그런 그가 또 한 번 세계를 놀라게 하
는 사업을 추진하고 있다. 2022년까지 지구 저궤도에 모두 1만 2,000대
의 소형 통신위성을 쏘아 올려 지구 전체를 그물처럼 감싸는 통신망을
구축하겠다는 것이다. 이렇게 되면 어떤 오지라도, 또 세상 어디를 가도
인터넷 접속이 가능한 위성 인터넷 시대가 열리게 된다. 2020년 11월

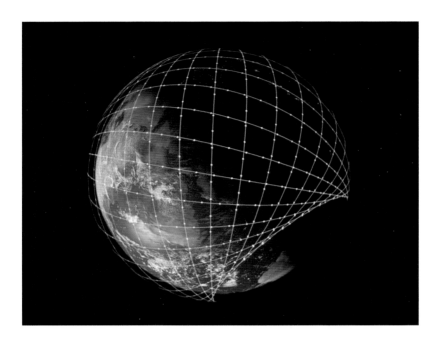

그림 24 **일론 머스크의 스페이스엑스는 소형 통신위성 1만 2,000대를 지구 저궤도에 올려 그물처럼 지구를 감싸는 위성 인터넷 서비스를 구현 중이다.**

© Wordlesstech

현재 955대의 스타링크 위성이 운영 중이며, 미군은 이미 스타링크 통신망을 군 내부 자료 공유 네트워크로 시범 활용하고 있다.

　인공위성은 지금까지 우리의 일상을 빠르게 바꿔왔는데 그중 가장 눈에 띄는 것은 내비게이션 서비스일 것이다. 지금이야 내비게이션 앱없이 자동차로 먼 곳을 운전한다는 것은 상상할 수 없는 시대가 되었지만, 불과 20년 전까지만 해도 조수석에 앉은 사람이 종이 지도를 펼쳐 들고 도로 번호를 확인해가며 길을 안내하는 경우가 흔했다. 고속도로에서 빠져나가거나 들어가야 하는 인터체인지를 놓치거나 갈림길에서 방향을 헷갈리면 몇 시간이고 헤매거나 도로 위의 미아가 되기 십상이었다. 그러다가 미국이 위성항법시스템^{GPS}을 전면 개방한 2000년 이후 위성항법 시장이 급속도로 커지기 시작했고, 지금은 증강현실을 이용한 3차원 위성지도 서비스까지 등장했다.

인공위성이 활용되는 가장 대표적인 분야는 지구관측과 통신, 항법이다. 그렇다면 지구관측위성과 통신위성, 항법위성이 뭉치면 무슨 일이 생길까? 거기에 사물인터넷과 인공지능 기술까지 더해진다면? 세상은 상상하고 시도하는 만큼 바뀐다고 했다. 이 책을 읽는 독자들 중에서 위의 물음에 대해 참신한 아이디어와 해법을 가진 뉴 페이스가 나오기를 기대한다.

4장

바다 위의
감시카메라

우주에서 포착한 범죄 현장

세계 각국 정부는 국민들의 안전을 보호하고 범죄를 적발하기 위해 많은 노력을 기울인다. 영화나 텔레비전에서 경찰이 범인을 추격하기 위해 자동차와 헬리콥터를 동원하는 모습을 본 적이 있을 것이다. 또한 도로나 시가지를 비롯한 육상에는 곳곳에 감시카메라가 있어서 혹시라도 일어날지 모르는 범죄를 예방하고, 만약 사건이 생기면 증거로 영상을 활용할 수 있다.

하지만 바다에서 일어나는 범죄를 예방하거나 대처하려면 어떻게 해야 할까? 바다는 너무 넓어서 여러 교통수단을 동원하기가 어렵다. 게다가 바다에 감시카메라를 설치할 수도 없는 노릇이다. 그럼 바다에서 일어나는 범죄 현장은 어떻게 포착할 수 있을까?

여기서도 인공위성이 진가를 발휘한다.

2014년 네 명의 미국연합통신 기자들이 인도네시아 수도 자카르타에서 대략 3,000킬로미터 떨어진 벤지나섬을 찾았다. 섬 안의 철창에 갇힌 사람들과 억류된 사람들을 만나 인터뷰하기 위해서였다. 이들은 원양어선을 타고 일하면 큰돈을 벌 수 있다는 꼬임에 빠지거나 인신매매단에 끌려 미얀마나 캄보디아, 라오스, 태국 등의 동남아시아 각지에서 온 사람들이었다. 기자들은 열악한 환경에서 힘든 일을 해야 하는 안타까운 사연들을 취재했다. 그 과정에서 강제 노역에 시달리다 이름 없이 죽어간 60명이 넘는 사람들의 무덤도 확인했다.

사건을 취재하는 과정에서 기자들이 위험에 처하기도 했다. 억류된 사람들은 선체가 크고 냉동 장치가 있는 트롤선이라는 배에서 노동을 했는데, 이 배는 자루처럼 생긴 그물을 바닷속에 띄워놓고 그물을 끌고 다니면서 한 번에 많은 물고기를 잡는다. 기자들이, 밤에 몰래 조업하는 트롤선에 억류된 사람들을 촬영하려고 다가가다가 화가 난 보안 요원들에게 발각되어 타고 있던 배가 침몰할 뻔한 적도 있었다.

하지만 기자들은 포기하거나 멈추지 않았다. 인터뷰를 통해 증언을 확보하고 몰래 숨어서 감시도 하고 선적 기록들을 꼼꼼히 조사했다. 덕분에 강제 노역으로 잡힌 해산물들이 태국으로 운반되어 냉동 보관 창고나 가공 공장으로 옮겨진다는 사실을 확인할 수 있었다. 그리고 이렇게 가공된 해산물들이 미국으로 건너가 월마트 등의 대형 마트나 레드 랍스터라는 대형 레스토랑 체인으로 유통된다는 사실도 확인했다. 하지만 기자들은 보다 결정적인 증거가 필요하다고 생각했다.

미국연합통신은 강제 노역하는 사람들이 잡은 해산물을 실은 노예선이 태국으로 가는 바다 위에서 대형 화물선과 접선한다는 정보를 입수하고 디지털글로브에 그 모습을 인공위성으로 촬영해달라고 요청했다. 1992년 미국에서 설립된 디지털글로브는 세계 최초로 고해상도 상용 지구관측 위성영상을 판매했으며, 위성영상 서비스 시장을 선점했던 기업이다. 특히 2014년 발사한 월드뷰WorldView 3호 위성은 지상에 있는 30센티미터의 물체를 인식할 수 있을 정도로 높은 공간해상도를 자랑한다. 디지털글로브는 2017년 막사 테크놀로지에 합병되었다.

월드뷰 시리즈처럼 민간에서 개발하고 운영하는 인공위성이 촬영하는 영상들은 대부분 공간해상도가 무척 높다. 센티넬이나 랜샛 위성처럼 공공 부문에서 무상으로 제공하는 영상보다 해상도가 높고 상세하여, 국방이나 안보 등의 목적으로 활용하려는 시장에서 수요가 많다. 이런 영상들은 당연히 가격이 비싸다. 지구에서 수백 킬로미터 떨어진 상공에서 지상의 30센티미터 크기의 물건을 구별할 수 있을 정도로 성능 좋은 카메라 렌즈를 만들고, 로켓에 실어 지구 밖으로 쏘아 올리고, 매일 위성과 통신하면서 촬영 계획을 반영하고 촬영한 영상 데이터를 수신하는 일에는 고도의 과학기술이 필요하다. 즉, 영상의 가격이 비싼 이유는 기술개발에 투자된 연구개발 비용과 운영 비용이 포함되어 있기 때문이다.

위성영상의 가격은 영상의 품질은 물론 저장된 영상이냐 신규 촬영이냐에 따라 다르고, 분광 밴드를 어떻게 구성하느냐에 따라서도 다르다. 예를 들어 전 세계 시장에서 판매되는 50센티미터 해상도 영상의 경우 이미 촬영된 데이터가 있다면 제곱킬로미터당 미화 13~19달러 정도의 가격으로 거래되고, 신규 촬영이라면 21~29달러 정도 된다. 민간 업체들이 개발하는 상용 위성 영상은 유료 판매가 원칙이지만, 재난재해 대응이나 인도적 지원이 필요한 경우에는 무료로 제공하기도 한다.

그럼 이제 디지털글로브가 미국연합통신의 요청을 받아 촬영한 영상을 살펴보자. 그림 25는 월드뷰 3호 위성이 결정적인 장면을 포착하여 촬영한 영상이다. 영상의 가운데에 위치한 큰 배는 길이가 약 83미터에 폭이 13미터 정도 되고 앞쪽과 뒤쪽에 커다란 돛대가 있다. 이 배의 양 옆에 있는 작고 허름한 배는 길이가 각각 약 32미터, 44미터에 폭은 8~9미터 정도다. 가운데에 위치한 큰 배와 밧줄로 묶여 있는 것으로 보아 배의 선창을 열어 짐을 옮겨 싣고 있는 것으로 보인다.

위성영상에 나타난 배의 크기와 모양, 돛의 형태 등 여러 가지 특징과 정황을 분석한 결과 가운데의 큰 배는 원양어업을 한다며 태국에 정식 등록한 대형 냉동선 실버시SilverSea 2호라는 사실이 밝혀졌다.

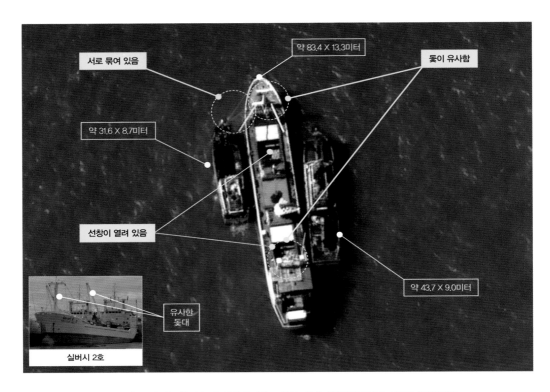

약 83.4 X 13.3미터

서로 묶여 있음

돛이 유사함

약 31.6 X 8.7미터

선창이 열려 있음

약 43.7 X 9.0미터

유사한 돛대

실버시 2호

그림 25 2015년 7월 14일 미국 월드뷰 3호 위성이 강제 노역으로 잡은 해산물을 실은 노예선과 원양어업으로 등록된 대형 냉동선 실버시 2호가 아라푸라해 인근에서 몰래 접선하는 모습을 촬영한 영상이다. 바다에서 행해지는 불법 행위는 감시가 어려운데 이 위성영상에 찍힌 결정적인 증거 덕분에 범죄자들을 구속하고 억류된 사람들을 구조할 수 있었다.

사실 정부나 경찰이 아무리 감시를 철저히 한다고 해도 바다 위에서 배의 이동 경로를 보여주는 위치 추적 장치를 끄고 배의 이름을 몰래 바꾸면 추적하기가 어렵다. 그런 허점이 있다는 것을 알기 때문에 조직적으로 불법 조업과 부당거래를 일삼는 일명 수산 마피아들이 생겨난다. 이들은 정부의 소홀한 감독과 느슨한 규제를 틈타 계속해서 불법 행위를 저지른다. 하지만 실버시 2호의 경우에는 인공위성이 촬영한 생생한 현장의 모습과 정확한 시간을 증거로 제시한 덕분에 이들이 어떠한 반론이나 핑계를 댈 수 없었다.

이 사건은 기사로 보도하면 바로 특종이 될 수 있었다. 하지만 미국연합통신 기자들은 무엇보다 섬에 억류된 사람들의 안전을 가장 중요하게 고려했다. 기자들은 수백 명의 강제 노역자들을 미국 정부와 인권단체들을 통해 구조하고 이들 모두가 고향에 있는 가족의 품으로 무사히 돌아간 사실을 확인한 후에야 사건을 보도했다. 기사가 나간 후 인도네시아 정부는 이 사건에 대한 수사에 착수하여 범죄자들을 구속하고 수백만 달러어치의 해산물을 압수했다. 미국 정부 또한 사태의 심각성을 깨닫고 미성년자 노동이나 강제 노역으로 생산한 상품의 수입을 전면 금지하는 법안을 통과시켰다.

태국을 중심으로 하는 동남아 지역의 불법 조업이 하루아침에 생겨난 것은 아니다. 불법 행위를 일삼는 조직과 이들을 단속해야 할 정부 관계자들 일부가 유착하여 불법 이민자들과 인신매매 희생자들에게 강제 노역을 시키는 등 불법이 불법을 낳는 폐단이 오랫동안 지속된 결과였다.

이 사건을 취재한 네 명의 기자는 불법 해상 조업의 문제를 밝히는 데 그치지 않고 우리 식탁에 오르는 해산물이 어떻게 생산되고 유통되고 있는지를 파헤쳐 독자들이 그 이면에 숨겨진 인권 문제와 소비자로서의 역할과 책임을 생각해볼 수 있도록 기사를 기획하고 보도했다. 이러한 공로를 인정받아 미국연합통신은 2016년 공공 보도 부문에서 퓰리처상을 받았다. 이처럼 뜻깊은 탐사 보도에 위성영상이 결정적으로 공헌했다는 사실을 잊지 말자.

야간 불법 조업도 감시하는 인공위성

3면이 바다인 우리나라는 수산업이 발달하기 좋은 입지 조건을 갖추고 있다. 특히 동해의 한류와 난류가 만나는 조경 수역에는 영양 염류와 플랑크톤이 풍부하고 한류성 어종과 난류성 어종이 함께 분포하기 때문에 수산자원이 풍부하다. 덕분에 우리나라는 연근해 어업 생산량이 100만 톤에 이르는 세계적인 수산강국으로 알려져 있다. 하지만 최근 들어 생산량이 계속해서 줄어들면서 2019년에는 81만 4,229톤에 그쳤다. 수산자원의 고갈은 어업인들의 수입 감소로 이어지고, 이는 고스란히 삶의 질 저하로 연결된다. 장기적으로는 어촌 인구 감소와 고령화 문제를 낳는다.

수산자원이 고갈되는 이유는 여러 가지다. 기후변화 때문에 해류의 흐름이 바뀌어 어획량이 크게 줄어드는 현상도 주요 원인 중 하나다. 하지만 또 다른 문제는 중국 어선들이 우리나라 영해를 침범하여 불법 조업을 일삼기 때문이다.

중국은 경제성장에 힘입어 국민소득이 올라가면서 생선 소비가 급증했다. 그 수요를 충당하기 위해 중국 어선들이 근해는 물론 중동과 아프리카, 남아메리카 해역까지 진출해서 다른 나라의 영해를 침범하며 불법 조업을 하는 것은 물론 해저 바닥부터 싹쓸이하며 수산물을 끌어 올리는 대규모 남획을 저질러 여러 나라에서 문제를 일으키고 있다. 중국과 가까운 우리나라의 서해와 남해 일대는 피해를 가장 많이 입는 지역이다. 심지어 중국 어선의 불법 조업을 단속하던 우리나라 해양경찰이 살해되는 사건도 여러 번 일어났다. 뿐만 아니라 군사분계선 한가운데에서 조업을 하다 유엔군사령부가 정전협정을 위반했다는 이유로 제재에 나서 이 사건이 정치, 외교 이슈로 번지기도 했다.

바다에서 불법 조업을 단속하거나 관리하기가 어려운 가장 큰 이유는 확실한 증거를 확보하기가 어렵기 때문이다. 특히 야간의 불법 조업은 단속하기가 어렵다. 막상 현장에서 적발한다고 해도 단속 과정에서 도주하거나 몸싸움 또는 칼부림이 일어나서 더 큰 문제로 번질 수도 있다. 그래서 불법 조업을 단속하는 효과적인 대안으로 원격탐사가 주목받는다. 선박을 탐지하는 데는 영상레이더Synthetic Aperture Radar, SAR라는 레이더 위성을 주로 사용한다. 밤낮에 상관없이 날씨가 좋든 나쁘든 촬영할수 있어서 관심 지역의 영상을 얻기 쉽고, 마이크로파를 이용해 물 표면의 파랑이나 부유 물질을 탐지해낼 수 있다는 장점이 있기 때문이다. 그림 26은 우리나라 SAR 위성인 다목적실용위성 5호(일명 아리랑 5호)가 촬영한 것이다. 바다 위에 떠 있는 선박이 또렷이 구분되고, 배가 지나간 자리에 생기는 항적도 보인다.

합법적으로 등록된 배는 선박의 위치와 항로를 알려주는 자동식별장치Automatic Identification System, AIS를 탑재해야 하고, 조업할 때는 이 장치를 켜야한다. 따라서 인공위성이 촬영한 영상과 같은 시각에 수신된 자동식별장치의 위치 신호를 겹쳐 보면 어떤 배가 불법으로 조업하고 있는지 한눈에 파악할 수 있다. 위성영상에서 배가 있는 지점에서 위치 신호가 잡혔다면 이 배는 합법적으로 조업하고 있다는 의미고, 위성영상에는 나타나는데 배의 위치 신호가 없다면 이는 불법 조업으로 간주할 수 있다. 위치 신호는 있으나 영상에서 표시되지 않는다면 이 배는 규모가 아주 작아서 위성영상으로 확인할 수 없는 경우일 수 있다. 아리랑 5호 위성에 이어

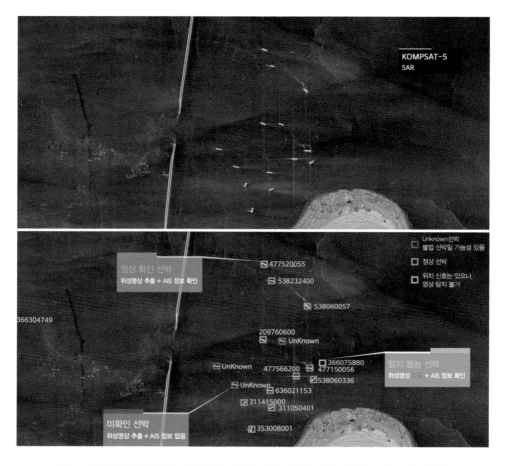

그림 26 **아리랑 5호 영상레이더 위성영상에서 야간에 촬영된 선박의 위치와 배에서 수신된 자동식별장치의 위치신호를 겹쳐보면 어떤 배가 불법으로 조업하고 있는지 한눈에 파악할 수 있다. 위성영상에는 선박이 나타나는데 그 지점에서 배의 위치 신호가 잡히지 않는다면 불법조업 중인 것이다.**

© 한국항공우주연구원

2022년 발사될 예정인 아리랑 6호 위성은 향상된 SAR 센서를 탑재할 계획이어서 앞으로 불법 조업을 감시하는 데 더 유용하게 활용할 수 있을 것이다.

수산물 양식장도 지킨다

우리나라 가정의 식탁에 오르는 해산물 가운데 가장 인기 있는 식품 중 하나는 김이 아닐까. 고소한 참기름을 바르고 소금으로 간하여 바삭하게 구워낸 김 몇 장만 있으면 밥 한 그릇쯤은 뚝딱 해치울 수 있다. 미역은 또 어떤가. 예로부터 피를 맑게 하고 자궁 수축과 지혈에 효과가 있다고 해서 산모들이 어떤 영양제보다 잘 챙겨 먹어야 하는 음식으로 자리 잡은 지 오래다. 최근에는 칼슘과 식이섬유가 풍부하면서도 포만감을 주는 다이어트 식품으로도 인기가 좋다. 뿐만 아니라 육수를 만들 때 꼭 들어가는 다시마, 비타민과 미네랄이 풍부하다는 파래와 톳도 빼놓을 수 없다. 우리의 식탁을 풍성하게 하는 이 많은 식품은 모두 바다에서 농사 지은 것들이다.

전 세계적으로 유통, 소비되는 해조류 중 90퍼센트가 양식으로 기른 것들이다. 양식장의 면적을 모두 합하면 약 18만 제곱킬로미터로 남한 면적의 거의 두 배에 달한다. 여기서 생산하는 해조류의 양은 세계 인구가 단백질을 충분히 섭취하는 데 모자람이 없을 정도로 많다고 한다. 그밖에도 해조류는 아이스크림을 응고시키는 데 효과가 있어서 식품첨가제로 쓰이기도 하고, 옷감이나 바이오 에너지로도 활용할 수 있다. 이러한 이유로 해조류 양식업을 친환경 미래 식품 산업으로 보기도 한다. 기후변화와 함께 가뭄이 극심해지면 농산물 생산량이 줄어 식량위기가 커지지만 해조류 양식은 담수가 필요하지 않아 물 부족 문제로부터 자유롭기 때문이다. 뿐만 아니라 해조류는 다른 식물들이 살기 힘들 정도로 질소가 많은 환경에서도 잘 자라고, 양식 과정에서 이산화탄소를 흡수하기 때문에 대기 중의 탄소를 격리한다는 이점도 있다.

전라남도 고흥군의 최남단에 위치한 시산도는 넓은 바다 한가운데 떠 있는 작은 섬이지만 청정 바다를 자원으로 한 김 양식업으로 유명한 곳이다. 바다에 스티로폼으로 만든 부표를 띄우고 그 밑에 김발을 매달아 김이 그물에서 자라게 하는 부류식 양식을 하는데, 그 규모가 인공위성에서도 보일 정도로 상당히 넓다. 그림 27은 2014년 1월 31일 미국 랜샛 8호 위성이 시산도 해역을 촬영한 모습이다.

김 양식은 주로 11월에서 이듬해 4월 사이의 겨울 동안 진행되는데 먼 바다에서 하다 보니 어민들이 관리하기가 쉽지 않다. 아무리 바다가 맑다고 해도 지구온난화의 영향을 피할 수는 없기 때문에 해가 갈수록 수온이 높아져 생산량이 감소하는 것도 문제다. 또한 겨울철에 갑작스런 이상 고온 현상이 나타나 병해가 퍼지면 해조류를 먹이로 하는 전복 양식에까지 영향을 미치기도 한다. 정확히 예측하기 어려운 적조도 종종 발생하여 어민들의 생계를 위협한다. 또 일부 어민들이 불법 양식으로 수산물을 과잉 생산하고 품질을 저하시키는 문제로 서로 갈등하기도 한다.

이때 위성영상으로 원격탐사를 하면 넓은 바다를 한눈에 확인할 수 있어 불법 양식 시설을 단속하는 한편 해수의 온도 변화, 적조 확산 등

그림 27　전라남도 고흥군 시산도 해역을 미국의 랜셋 8호 위성이 촬영한 영상. 김 양식장의 모습이 또렷이 보인다.

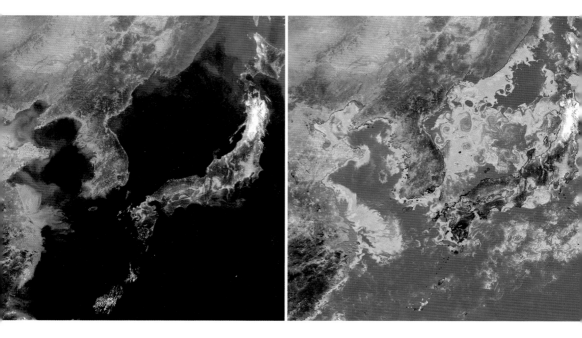

그림 28 천리안 1호가 촬영한 한반도 바다의 모습(왼쪽)과 클로로필 함량을 분석한 모습(오른쪽). 봄이 되어 식물성 플랑크톤이 번식하면서 유기물 함량이 늘어난 것이 해류를 따라 나선형을 띄면서 퍼지는 모습이다.

© 한국해양과학기술원

양식에 영향을 미치는 해양 환경 변화를 모니터링하는 데 매우 유용하다. 그림 28의 왼쪽 사진은 우리나라 정지궤도 위성 천리안 1호의 해양 센서 카메라가 촬영한 2011년 4월 한반도 해역의 모습이고, 오른쪽은 바다의 클로로필 함량을 분석한 결과이다. 물고기들의 먹이가 되는 식물성 플랑크톤은 광합성 색소인 엽록소를 가지고 있기 때문에 바다 표면 가까이 떠다니며 광합성을 한다. 그림 28의 오른쪽 영상은 봄철에 식물성 플랑크톤이 번식하여 유기물 함량이 늘어나고 해류를 따라 나선형으로 퍼져 있는 모습을 보여준다. 특히 빨간색으로 도드라진 중국 연안은 내륙에서 다량으로 유입되는 하천의 영양물질과 따뜻한 수온 덕분에 부영양화가 나타나고 있다.

우리 바다를 지키는 천리안

우리나라의 관할 해역은 대한민국의 주권 및 주권적 권리가 미치는 영해와 배타적 경제수역, 대륙붕을 포함한다. 이 지역의 전체 면적은 약 44만 제곱킬로미터로 국토 면적의 네 배에 이른다. 여기서 영해는 썰물 때의 해안선을 기준으로 12해리(약 22킬로미터)까지의 수역이고, 배타적 경제수역은 200해리(약 370킬로미터)까지를 포함한다. 이 지역은 유엔 해양법에서 인정한 독점적 권리를 누릴 수 있는 구역이므로 자원 개발과 탐사에 대한 권리가 있지만 해양 오염을 방지해야 하는 의무가 따른다.

대륙붕은 해안으로부터 뻗어 나가는 완만한 경사로 수심이 평균 200미터 정도인 얕은 바다 아래의 땅을 일컫는다. 수심이 낮기 때문에 광합성이 잘되므로 다양한 식물성 플랑크톤이 서식한다. 바닷물의 온도도 생물들이 성장하기에 알맞아 다양한 물고기와 어패류, 산호초, 해초 등이 자란다. 게다가 석유와 천연가스, 광물자원이 풍부하게 매장되어 있어서 바다에서 가장 중요한 곳이라고 해도 과언이 아닐 정도로 경제적 가치가 높다. 특히 우리나라 인근 동중국해의 대륙붕은 사우디아라비아에 묻혀 있는 것보다 약 열 배나 많은 천연가스와 석유가 매장되어 있다고 알려져 있어서 한국과 중국, 일본 세 나라가 조금이라도 자국의 영토로 차지하기 위해 눈독을 들이고 있다. 우리나라도 해당 수역을 꾸준히 탐사하고 연구를 진행하고 있지만 당사국들끼리 협의를 거쳐 그 경계선을 결정하기까지는 꽤 많은 시간이 걸릴 듯하다.

바다 자원이 특히 중요한 우리나라는 정지궤도 위성으로 한반도 주변 해역을 모니터링하고 있다. 2010년 천리안 1호 위성에 실려 발사된 해양 센서Geostationary Ocean Color Imager, GOCI는 고도 3만 6,000킬로미터 상공에서 한반도 주변 바다 생태계의 환경 변화를 탐지하도록 특화되어 있다. 이 위성이 발사되던 당시까지만 해도 다른 나라에는 이러한 해양 센서가 없었기 때문에 세계 최초의 정지궤도 해색 센서라는 수식어가 붙었다. 해색 센서란 바다의 색깔에 특화된 광학 센서를 가리킨다.

언뜻 바다는 모두 파란색 아니냐고 생각할 수도 있지만 물속의 유기물이나 염도에 따라 세분화된 태양복사 스펙트럼에 나타나는 특성이 다르다. 사람의 눈에는 물이 맑게 보인다고 해도 실제 성분을 분석하면 부패한 동식물의 잔해나 쓰레기 때문에 생기는 유기물들이 바닷속에 녹아 있는 정도, 즉 용해유기물 농도가 높을 수 있다. 또한 클로로필 함량을 알면 식물성 플랑크톤의 밀도를 알 수 있는데, 식물성 플랑크톤은 광합성하는 과정에서 이산화탄소를 흡수하기 때문에 기후변화를 판단하는 중요한 요인 가운데 하나다.

그리고 바닷물의 탁한 정도는 동중국해에서 발생한 저염수가 한반도로 이동했다 없어지는 현상과도 관련 있어서 바다의 환경 변화를 관측하는 데 중요한 정보가 된다. 바닷물의 탁도에 관한 정보는 군사적으로도 중요하다. 탁한 물은 수중 음파 감시를 방해하기 때문에 바닷물의 탁도 분포를 알면 적의 침투로를 예측해서 그곳을 집중 감시할 수 있다. 이 밖에도 해양 센서가 촬영한 다중 분광 영상은 바다에서 일어나는 기름 유출과 적조, 녹조의 이동을 실시간에 가깝게 감지하고 해양 안전과 직결된 해무, 해빙 등을 분석하는 데도 활용된다.

우리나라의 정지궤도 위성은 천리안이라는 별명으로 잘 알려져 있다. 참고로 우리나라의 저궤도 다목적실용위성에는 아리랑이라는 별명이 붙어 있다. 1기 천리안 위성 한 대에는 일기예보를 담당하는 기상 센서와 바다를 감시하는 해양 센서가 탑재되어 있다. 2기 천리안 위성은 기상 센서를 탑재한 2A호와 해양과 환경을 감시하기 위해 두 개의 센서를 탑재한 2B호로 나뉘며, 각각 2018년 12월과 2020년 2월에 성공적으로 발사되었다. 1기 정지궤도 위성을 성공적으로 개발한 경험을 바탕으로, 미세먼지 등 대기 질에 대한 국민적 관심이 커지면서 2기 천리안 위성에 대기 환경을 관측하는 환경 센서가 추가된 것이다. 2기 천리안 위성에 탑재된 기상과 해양 센서의 기능도 개선되었다.

천리안 2B호에 탑재된 해양 센서는 공간해상도가 기존 500미터에서 250미터로 네 배나 향상되었고, 하루에 관측하는 횟수도 주간 한 시간 간격 8회에서 10회로 늘었다. 위성이 관측한 분광 특성을 분석하여 서비스하는 정보의 종류도 13가지에서 26가지로 늘었다. 여기에는 해양쓰레기 분포, 연안지역 오염과 악취의 원인이자 선박 운항의 걸림돌이 되는 괭생이모자반의 이동 경로, 해수에 녹아 있는 유기물 함량, 식물성 플랑크톤에 포함된 엽록소 농도, 수중 가시거리 등이 포함된다.

현재는 이처럼 다양한 정보 가운데 원본 영상만 국립해양조사원 누리집을 통해 공개되고 있다. 본격적인 정보는 2021년부터 서비스를 시작한다고 한다. 그림 29는 천리안 2B호가 2020년 10월 5일 촬영한 한반도 주변의 모습이다. 오전 8시 15분부터 한 시간 간격으로 오후 5시

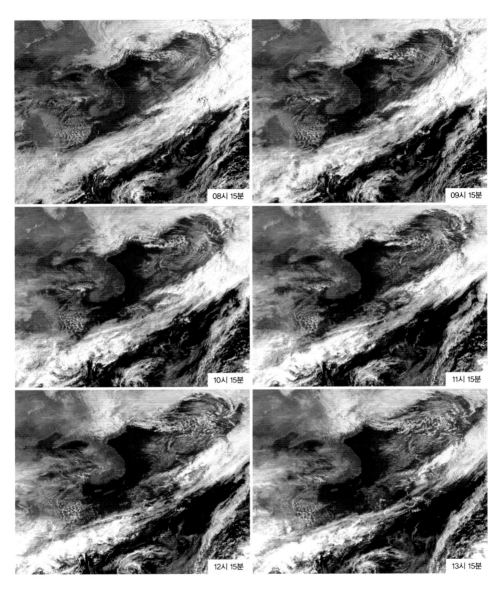

그림 29 우리나라 제2기 정지궤도위성인 천리안 2B호에 탑재된 해양관측 센서가 2020년 10월 5일 오전 8시 15분부터 오후 5시 15분까지 매 시간 촬영한 한반도 주변 해역의 모습이다.

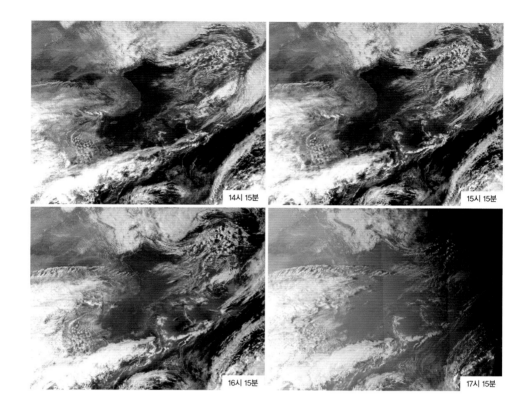

14시 15분

15시 15분

16시 15분

17시 15분

15분까지 촬영했다.

　천리안 위성은 지구에서 수만 킬로미터 떨어진 우주 공간에서도 한반도를 콕 찍어 늘 지켜보고 있다. 우리나라 육상과 해양, 대기 환경을 상세히 모니터링할 수 있도록 기상, 해양, 환경이라는 센서 삼총사는 지금 이 순간에도 자신들에게 주어진 정보 수집 임무를 충실히 수행하고 있다.

5장

사막 위의 둥근 반점

화석수로 농사를 짓는다

아프리카 대륙에 위치한 리비아는 국토의 대부분이 사막이어서 물이 귀하다. 그런데 1953년 사하라사막에서 유전을 탐사하던 중 지하 화석층에 물이 매장되어 있다는 사실이 밝혀졌다. 약 4만 년 전 지구 상에 빙하가 널리 퍼져 있던 시대의 땅이 지각운동으로 가라앉아 퇴적되면서 함께 들어간 빙하가 화석수가 되어 보존된 것이다. 이 화석층은 넓은 사하라사막의 동쪽 누비아 지역에서 모래 입자가 굳어 만들어진 암석층에 만들어졌다고 해서 누비안 사암(砂巖) 대수층이라고 한다. 대수층이란 충분한 물을 보유하고 있어 경제적으로 개발 가치가 있는 암석층을 말한다.

누비안 사암 대수층은 지금까지 발견된 것 중 세계 최대 규모다. 그림 30에서 알 수 있는 바와 같이 사하라사막의 동쪽 끝에서 아프리카 북동부에 걸쳐 있다. 나라로 치면 리비아와 차드, 수단, 이집트가 걸쳐 있다.

1969년 쿠데타를 일으켜 집권한 리비아의 무아마르 알 카다피는 안전한 식수 공급을 정부의 최우선 과제로 삼았다. 그러면서 이곳 대수층의 물을 농업 및 산업용수로 활용하는 국가경제발전계획을 수립하고 1984년 '세계 제8대 불가사의'라고도 불리는 리비아 대수로 사업에 착수했다. 리비아 대수로 건설은 리비아 남부 사하라사막 지하에서 화석수를 끌어 올려 북부 지중해 연안 도시에 물을 공급하기 위한 인공수로를 만드는 일이었다. 2007년까지 전체 5단계 중 3단계 사업이 완공되었고, 총 공사비로 360억 달러(약 40조 원)가 투입되었다.

그림 31은 2004년 10월 24일 국제우주정거장에서 촬영한 쿠프라 지역의 모습이다. 쿠프라 지역은 사하라사막 한가운데 고립되어 있지만

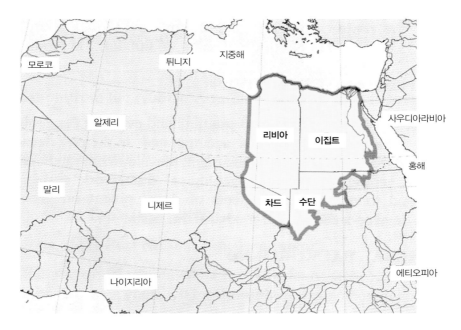

그림 30 **아프리카 지역에 위치한 누비안 사암 대수층의 경계(붉은 선)**

주변이 산으로 둘러싸인 분지 형태이며 예로부터 오아시스가 발달해 있었다. 19세기 후반 이슬람 성지로 지정되기도 한 이곳은 1970년대 들어서 리비아 최대 규모의 관개농업 단지로 조성되기 시작했다.

이 지역의 원형 경작지는 대형 스프링클러가 회전하면서 물을 주는 방식으로 만들어졌는데 원 하나의 지름이 1킬로미터나 된다. 한눈에 보기에도 그 규모가 예사롭지 않은데 계산해보면 더 깜짝 놀란다. 원형 경작지 하나의 지름을 1킬로미터라고 할 때, 면적은 78만 5,000제곱미터가 된다. 1제곱미터당 하루에 1리터의 물을 준다고 가정하고 이를 다시 2리터당, 즉 큰 생수병 하나의 가격을 500원으로 계산하면 1억 9,625만

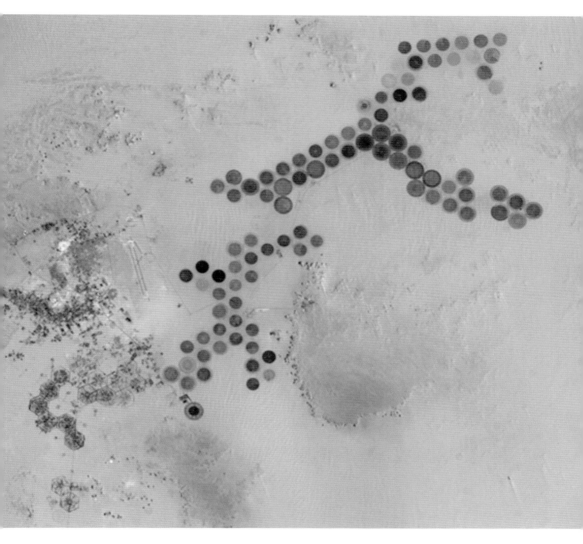

그림 31 2004년 10월 24일 국제우주정거장에서 촬영한 리비아 쿠프라 지역의 모습. 동그란 점의 정체는
관개농업이 이루어지는 경작지이다.

원이 나온다. 햇볕이 쨍쨍 내리쬐는 사막에서 1제곱미터의 땅에 물 1리터를 준다면 지표의 토양을 살짝 적시는 정도의 양에 지나지 않을 텐데 그렇게 하는 데만도 경작지 하나당 하루에 2억 원이 들어가는 것이다. 게다가 농작물은 하루아침에 키워서 수확할 수 있는 것이 아니라 일정한 재배 기간이 필요하다는 점을 고려하면 그 비용은 더 늘어난다. 한 달이면 60억 원이다. 그런데 영상에 보이는 원형 경작지의 숫자만 해도 90개가 넘는다.

2019년 11월 5일 우리나라 지구관측위성인 아리랑 3A호가 촬영한 그림 32를 보면 상황이 많이 달라져 있다. 아리랑 3A호 영상은 공간해상도가 높아 이 일대의 모습을 확대해서 자세히 살펴볼 수 있는데, 영상의 서쪽 지역에 토지가 소규모로 불규칙하게 나뉜 흔적들을 볼 수 있다. 아주 오래전 오아시스를 중심으로 자연발생적으로 불규칙하게 발달했던 도시의 모습이 아직 남아 있는 듯하다. 그 외곽으로는 벌집 모양의 패턴이 나타나는데, 이는 일정한 간격으로 마을을 조성하고 그 마을들을 거점으로 방사형으로 뻗어가며 구획된 농경지들이 촘촘히 연결된 모습이다. 아마도 오아시스의 귀한 물을 효율적으로 활용하기 위해 고안한 형태였을 것이다. 하지만 이제는 사이사이 흐릿한 고랑의 형태만 남아 있는 곳들이 많은 것으로 보아 사람들이 농사를 제대로 짓지 않고 있음을 짐작할 수 있다. 영상의 중앙에는 원형 경작지였던 곳이 사라진 흔적도 보인다.

농업용수를 끌어오는 누비안 사암 대수층은 몇 만 년 전의 퇴적 과정에 섞여 들어간 지표수가 불투수 지층(아래)과 투수 지층(위) 사이에 묻혀 있기 때문에 한 번 뽑아서 쓰고 나면 그만이다. 게다가 이곳은 비가 거의 오지 않는 건조한 기후로 유명하다. 지하수가 보충될 수도 없고, 비가

그림 32 우리나라 아리랑 3A호 위성이 2019년 11월 5일 쿠프라 농경단지를 촬영한 모습. 왼쪽에 벌집 모양으로 구획되었던 농경지 상당 부분과 가운데에 원형 경작지들이 사라진 흔적이 보인다.

오리라고 기대하기도 힘들다. 리비아 대수로를 막 건설하던 당시만 해도 매장된 물의 양이 엄청나게 많아서 수백 년은 물론 1,000년까지도 고갈될 걱정 없이 사용할 수 있을 거라고 큰소리치는 사람들이 있었다. 하지만 쿠프라 일대 외에도 사하라사막 곳곳에 자연적으로 형성되었던 오아시스들이 말라 없어지고 있다는 사례들이 보고되고 있다. 학자들은 그 원인이 누비안 대수층의 화석수를 과도하게 이용하면서 물이 빠르게 고갈되고 있기 때문이라고 설명한다.

아라비아사막의 인공 경작지

쿠프라 지역에서 진행하는 것과 비슷한 관개농업은 아라비아사막 여러 곳에서 이루어지고 있다. 평소에는 말라 있다가 우기가 되면 약간의 물이 흐르는 계곡 지대 와디^{wadi} 주변에서 주로 이루어진다. 빗물을 직접 이용해 농사를 짓는 것은 아니고, 이 일대의 지하 깊은 곳에 형성된 대수층에서 물을 끌어와 관개농업을 한다. 리비아의 사막 지역처럼 빙하기의 얼음이 땅속 깊이 묻혀 만들어진 3만 년 이상 된 화석수가 있기 때문에 가능한 이야기다. 그림 33은 2017년 4월 26일 미국의 아스터^{ASTER} 위성이 사우디아라비아 다와시 와디의 관개농업 지역을 촬영한 것이다.

사우디아라비아는 국토 면적이 한반도의 열 배 정도인 약 200만 제곱킬로미터다. 하지만 국토 전체에 사시사철 물이 흐르는 강이나 호수가 없다. 비도 적게 내린다. 농사를 짓기에는 악조건이지만 석유만큼은 풍부해서 세계 최대의 석유 수출국으로 군림하고 있다. 하지만 농사를 짓기 힘드니 외국에 석유를 팔아 번 돈으로 곡물을 사와야 한다.

그런데 1973년 이집트와 시리아가 주축이 된 아랍권과 이스라엘 사이에 4차 중동전쟁이 벌어졌다. 당시 아랍 국가들이 이스라엘을 지지하는 국가들에 대한 석유 수출을 금지하도록 담합하자 국제유가가 다섯 배까지 오르는 등 세계 경제에 큰 타격이 가해졌다. 이에 대한 보복 조치로 아랍 국가들 또한 경제 제재를 당했는데 그 때문에 사우디아라비아도 곡물을 수입하는 데 어려움을 겪었다. 이때 식량안보의 중요성이 부각되었고, 사우디아라비아는 석유를 채굴하는 유정 굴착 기술을 사막 아래 묻혀 있는 지하수를 끌어올리는 데 응용해서 농수로 활용하기 시작했다.

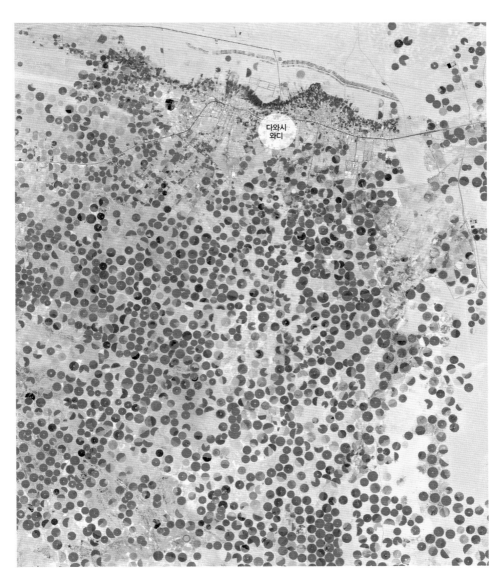

다와시
와디

그림 33 사우디아라비아에 위치한 다와시라고 하는 와디 주변에서 대규모 관개농업이 이루어지고 있는 모습을 미국 아스터 위성이 2017년 4월 26일 촬영한 것이다.

© NASA

이 일대의 농업은 지난 20년간 3,000만 명에 달하는 사우디아라비아 국민들이 자급자족할 수 있을 정도로 확대되었으며, 한때는 중동 전역을 먹여 살린다고 할 만큼 밀 농사가 번성하기도 했다.

그림 34는 사우디아라비아 북부의 관개농업지인 시르한 와디 일대가 변화한 모습이다. 미국의 랜샛 위성이 촬영한 이 사진은 중적외선과 근적외선, 가시광선의 녹색 파장대에서 찍은 세 개의 영상을 색조합한 것이다. 생장이 왕성한 작물은 연두색으로 보이고, 제대로 관리되지 않아 마르거나 병해가 생긴 곳은 붉은 갈색으로 보인다.

1987년까지만 해도 건조한 땅이던 이곳에 1990년대 들어 대규모 원형 경작지가 들어서기 시작하더니 20여 년 만에 어마어마한 농경 단지가 되었다. 유엔 식량농업기구 통계에 따르면, 이 지역에서 농업용수로 쓰이는 물의 양은 1980년 6.8큐빅킬로미터(6.8×10^{12}리터)에서 2006년 21큐빅킬로미터(21×10^{12}리터)로 연간 이용량이 세 배나 증가했다. 물 1큐빅킬로미터는 우리나라 국민 1인당 하루 물 사용량을 300리터라고 했을 때 서울시 인구 1,000만 명이 약 1년 동안 쓰는 정도의 엄청나게 많은 양이다.

시르한 지역은 연간 강수량이 100~200밀리미터 정도로 극도로 건조하다. 빗물을 모두 모아서 담수로 활용한다고 해도 연간 2.4큐빅킬로미터(2.4×10^{12}리터)뿐이기 때문에 농업용수는 물론 생활용수나 산업용수로 쓰이는 대부분의 물은 지하에 묻힌 화석수에서 끌어온다. 연구에 따르면, 현재 이곳 아라비안 대수층은 지구 상에서 가장 심각한 수준으로 지하수가 고갈될 위기에 처해 있으며, 50년 정도 후면 바닥이 드러날 것으로 예상된다고 한다.

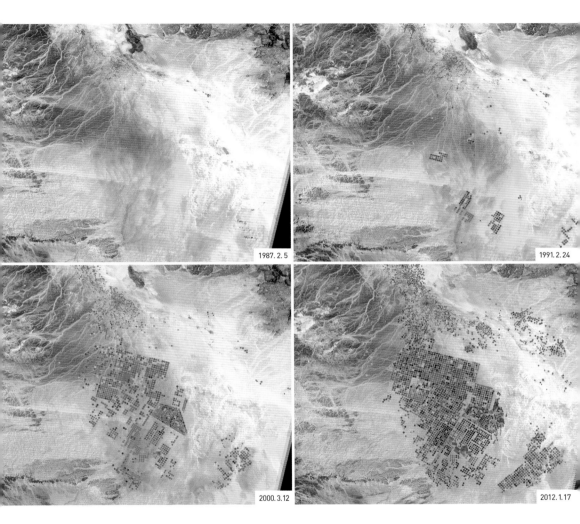

1987. 2. 5

1991. 2. 24

2000. 3. 12

2012. 1. 17

그림 34 사우디아라비아의 시르한 와디 일대에서 관개농업이 확대되는 모습. 1987년까지만 해도 아무것도
없던 건조한 땅에 20여 년 만에 어마어마한 규모로 경작지가 들어서 있다.

© NASA

식물의 변화를 탐지하는 인공위성

농업은 식물을 키우는 일인데, 식물의 가장 중요한 특징은 광합성을 하는 것이고, 광합성에는 햇빛이 필요하다. 인공위성에서 지구 사진을 찍을 때도 태양빛이 필요하다. 원격탐사는 지표면에서 반사된 태양의 빛 에너지를 인공위성의 센서가 감지한 영상을 다룬다. 즉, 농업과 원격탐사는 태양빛을 이용한다는 공통점이 있다.

흔히 햇빛이라고 하는 태양복사에너지는 전체 에너지의 약 40퍼센트를 가시광선(400~700나노미터)에서 만들어내고 나머지는 자외선이라고 하는 청색보다 짧은 파장의 영역과, 적외선이라는 적색보다 긴 파장의 영역에서 만들어낸다. 적외선은 파장의 길이에 따라 근적외선, 단파장 적외선, 중파장 적외선, 장파장 적외선, 원적외선으로 구분하기도 한다. 대기 중의 수증기, 산소, 이산화탄소 같은 기체 입자가 흡수하여 지표까지 도달하지 못하는 파장대를 제외하고 원격탐사에서는 가시광선과 함께 근적외선(750~1,000나노미터)과 단파장 적외선(1.4~2.5마이크로미터), 열적외선(8~12마이크로미터) 정도의 구간을 사용한다. 그중에서도 가시광선과 근적외선 파장대가 가장 많이 쓰인다.

적외선은 대체로 파장이 길어 에너지가 낮은 것이 특징이다. 하지만 가시광선에 맞닿은 근적외선 영역에는 상당량의 에너지가 있기 때문에 식물이 가시광선만큼 근적외선 에너지를 흡수한다면 식물 내부의 온도가 급증하여 단백질이 변형되거나 파괴되어 결국 죽고 만다. 따라서 식물은 필요 없는 근적외 파장의 태양 에너지를 사용하지 않고 반사시키거나 투과시키는 방향으로 진화해왔다. 그래서 건강한 식물일수록 근적외

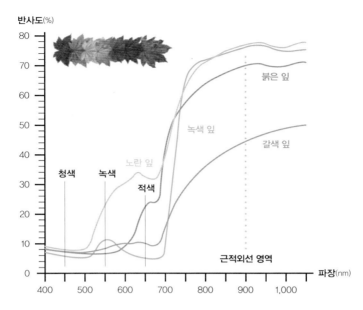

그림 35 계절 변화에 따라 식물의 파장대별 반사도 변화를 보여준다. 광합성이 활발한 녹색 잎은 가시광 파장의 빛을 흡수하고 근적외 파장의 빛을 반사하지만, 가을이 되어 활력이 떨어진 갈색 잎은 가시광 파장의 녹색 정점이 사라지고 근적외 파장에서의 반사값도 떨어진다.

선 에너지를 많이 반사한다.

봄에 싹을 틔워 여름에 왕성하게 자라다가 가을에 열매를 맺고 겨울에 휴면기에 들어가는 식물의 계절 변화는 그림 35에서 보는 바와 같이 전자기파 스펙트럼의 반사도에 잘 드러난다. 식물이 빛을 받으면 엽록소가 활성화되어 광합성이 일어난다. 엽록소는 특히 청색과 적색 빛을 많이 흡수하고 녹색 빛을 반사한다. 그러므로 식물이 자라면서 광합성을 많이 할수록 초록색이 짙어진다. 즉, 식물의 생장이 왕성할수록 가시광선의 반사도, 그중에서도 특히 청색과 적색의 반사도는 낮아지고 근적외선의 반사도가 높아진다. 가을이 되어 식물의 생장이 둔화되거나 스트레스를 받으면 엽록소가 사라지면서 적색 파장대 빛의 흡수가 줄고 반사가 늘어나면서 잎이 갈색으로 변한다. 경우에 따라 단풍나무처럼 잎 속에 엽록소 이외에 오렌지색의 카로틴이나 붉은색의 안토시아닌과 같은 색소들이 우세해지면 흡수, 반사하는 빛의 파장대가 달라진다.

식물이 광합성을 하려면 빛과 함께 물도 필요하다. 식물 속의 수분은 전자기파 에너지의 파장이 길어질수록 잘 흡수되기 때문에 0.4~0.7 마이크로미터 파장의 가시광선이나 0.75~1.0마이크로미터 파장의 근적외선보다는 1.4~2.5마이크로미터 파장의 단파장 적외선 영역에서 그 특성이 잘 드러난다. 그림 36의 목련나무 사례에서 보는 바와 같이 수분 함량의 차이에 따라 적외선 영역에서는 반사도의 차이가 뚜렷이 나타나는 데 비해 가시광 영역에서는 구분이 어렵다. 하지만 수분 함량이 절반 이하로 확연히 감소하면 가시광선과 근적외선에서도 뚜렷한 반사도 변

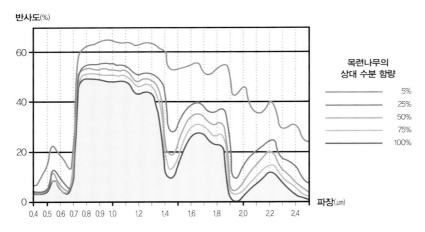

그림 36 목련나무의 수분 함량에 따른 파장대별 반사도 변화를 보여준다. 가시광 파장대보다 적외선 파장대에서 그 특성이 잘 드러난다.

화가 나타나기 시작한다. 문제가 더욱 심각해져 말라죽은 식물의 경우에는 근적외 파장에서의 반사가 없고, 녹색 정점이 사라지는 특성이 나타난다. 따라서 단파장 적외선 영역에서의 반사도는 식물의 잎이 시들거나 갈색으로 바뀌어 눈으로 확인할 수 있을 정도가 되기 전에 미리 수분 스트레스 상황을 감지하는 수단으로 활용할 수 있다.

식물에 병이 들거나 영양이 부족하여 생장에 문제가 생겨도 특징적인 징후들이 나타난다. 예를 들어 병원균 때문에 잎에 반점이 생기거나 필수 영양소가 결핍되는 등의 강한 스트레스를 받으면 엽록소의 생산을 방해하여 잎의 색이 변화한다. 점진적인 환경 변화에 따른 스트레스는 눈에 띄지는 않지만 근적외선에서의 반사도 변화로 먼저 나타나기 때문에 초기 이상 징후를 발견할 수 있다.

이처럼 인공위성의 분광 밴드가 가시광선부터 적외선까지 다양할수록 미세한 식물의 변화를 탐지할 수 있다. 그렇지만 적외선은 대체로 에너지가 낮고 대기에 의해 차단되는 구간이 있으므로 원격탐사에서 활용하는 데는 다소 제한이 있다. 그럼에도 식생의 변화는 주로 가시광선과 근적외선 파장대에서 뚜렷하기 때문에 가시광선의 대표적인 청색, 녹색, 적색 밴드와 근적외선 밴드를 가지는 대부분의 광학위성에서도 식생과 관련된 여러 가지 분석을 할 수 있다.

먼저 다중밴드 색합성을 이용해서 시각적으로 식생의 상태를 알 수 있는 방법을 알아보자. 색합성이란 1장에서 소개한 바와 같이 파장대별 반사도 정보를 가지는 세 장의 위성영상을 빛의 삼원색인 RGB 색상값으로 변환하여 컬러 영상으로 만드는 방법이다. 이때 세 장의 위성영상을 실제 RGB 파장에서 얻은 영상으로 변환하면 우리가 눈으로 보는 모습과 비슷하고, 근적외 파장에서 얻은 영상을 넣어 조합하면 색감이 색 다른 컬러 영상을 얻을 수 있다. 원격탐사에서 식생을 분석하기 위해 주로 사용하는 파장대역은 근적외선과 적색, 녹색이다.

이들 세 개 밴드에서 촬영된 영상을 각각 적색, 녹색, 청색으로 대응시켜 컬러 이미지를 만들면 그림 37에서 보는 것처럼 식물이 자라는 지역은 빨갛게 두드러져 보인다. 빨간색으로 대응된 근적외선에서의 반사도가 높아 빨간색이 두드러지게 표현되는데 비해 각각 녹색과 청색으로 대응된 적색 가시광에서의 반사도나 녹색 가시광에서의 반사도는 낮아 녹색과 청색이 색조합에 크게 영향을 미치지 못하기 때문이다. 생장이 왕성할수록 가시광선의 빛을 광합성에 이용하고 근적외선을 반사하기 때문에 식물이 잘 자라는 지역일수록 더 붉게 보인다.

다중밴드 색합성 영상에서 나타나는 특성을 아리랑 3A호가 촬영한 리비아 쿠프라 지역에 적용해 보면, 2019년 11월 5일을 기준으로 이 일대의 관개농업은 상당히 쇠퇴한 듯하다. 가운데 어렴풋이 흔적만 남아 있는 원형 경작지를 비롯해서 영상 오른쪽의 어두운 색으로 보이는 원형 경작지에는 작물이 자라고 있다고 보기 어렵다. 또한 작물을 재배하고 있는 원형 경작지 중에서도 거뭇하게 보이는 곳이 있는데 이는 그림 38의 영상 비교에서 보는 바와 같이 자연색으로 합성한 영상에서는 탐지되지 않는 징후이다. 즉, 가시광선만 감지하는 사람의 눈으로는 파악할 수 없지만, 식생 활력의 변화를 감지하는 근적외 밴드 영상을 활용한 다중밴드 색합성에서는 뚜렷한 이상 징후가 보이므로 작황 관리에 도움이 된다.

근적외선 밴드 영상을 이용한 다중밴드 색합성 외에 식생의 활력을

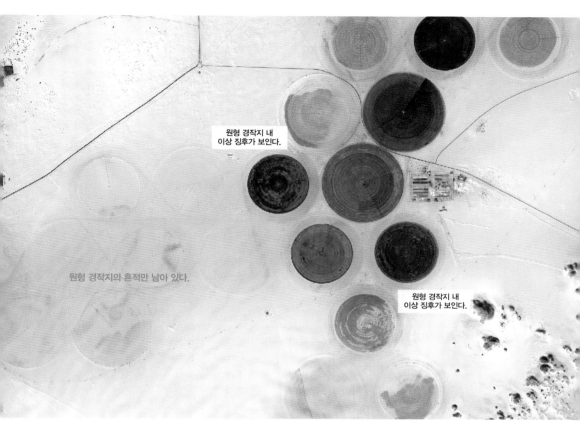

그림 37 리비아 쿠프라 관개농업 단지를 촬영한 아리랑 3A호 위성영상을 근적외선 밴드를 넣어 컬러로 색합성한 영상. 자연색합성된 영상에서는 볼 수 없었던 경작지 내 이상 징후들이 드러난다. 붉은색으로 나타나는 곳이 작물이 자라는 곳이다.

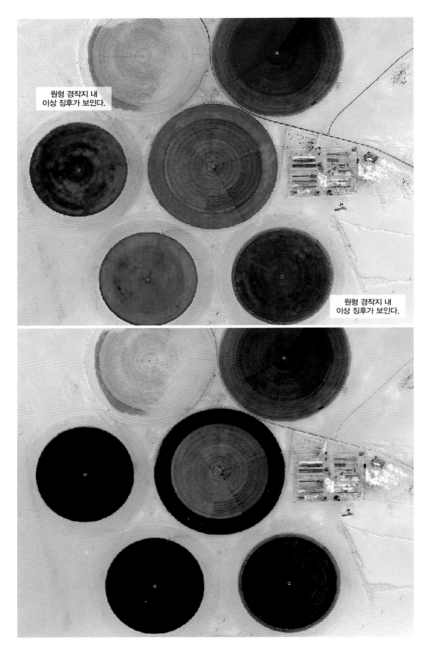

원형 경작지 내
이상 징후가 보인다.

원형 경작지 내
이상 징후가 보인다.

그림 38 근적외선 밴드를 넣어 다중밴드 색합성한 위성영상(위)에서는 자연색합성한 영상(아래)에서 볼 수 없는 식물의 활력 정보가 도드라져 이상 징후를 파악하는 데 유용하다.

정량적으로 계산하는 방법도 있다. 식물이 생육 상태가 좋을수록 적색 파장에서 낮은 반사를 보이고 근적외선에서 높은 반사를 보인다는 점에 착안하여 적색과 근적외선에서의 반사도를 정량적인 비율로 나타내는 방법으로, 식물의 생육 상태를 한눈에 파악할 수 있다는 것이 장점이다. 이를 식생지수라고 하는데, 값이 커질수록 광합성이 활발하게 일어나며 식생이 왕성하다고 볼 수 있다. 반대로 값이 낮으면 생장이 더디거나 병충해나 수분 부족 등의 스트레스 상황에 놓여 있다고 볼 수 있다.

그림 39는 미국의 퀵버드 위성이 촬영한 농경 지역이다. 식생지수를 산출한 후 이 값을 녹색에서 적색에 이르는 컬러 바^{bar}로 표현한 것이다. 녹색은 식생지수가 높아 작물의 생장이 양호한 곳이고, 황색에서 적색으로 갈수록 식생지수가 낮아 생장이 불량하거나 갓 파종해서 아직 작물이 어린 상태인 곳이다. 참고로 회색은 식생이 없는 지역이다.

식생지수가 하나의 필지 또는 동일한 경작지 내에서 어떤 패턴으로 분포하느냐에 따라서도 작물 생장에 어떤 문제가 있는지를 유추할 수 있다. 예를 들어 A 지역은 식생지수의 값이 높은 녹색 경계와 값이 낮은 적색 경계가 뚜렷하게 구분되어 식생 활력이 낮은 부분이 집약적으로 나타난다. 이는 관개 또는 배수에 문제가 있거나 비료 또는 거름이 고루 퍼지지 않아 나타나는 지역적인 생장 불균형 현상이라고 볼 수 있다. 반면 B 지역은 식생지수가 낮은 곳에서 높은 곳으로 점차 변화하는 모습을 보인다면, 이는 병충해가 인근으로 전염되면서 나타나는 현상일 확률이 높다.

이러한 추정이 맞는지를 확인하려면 현장을 직접 방문해서 정확한 생육 상태와 병충해 여부를 살펴봐야 하겠지만, 식물의 광합성과 전자

그림 39 식생지수를 이용하여 작황 상태를 한눈에 파악할 수 있게 해준다. 적색에서 녹색으로 갈수록 식생지수가 높고 작물의 생장이 양호한 곳이다.

기파 에너지의 상관관계를 이용하는 원격탐사를 통해 과학적으로 추론하고 의심되는 지역을 우선 방문하면 일의 효율을 높일 수 있다.

최첨단 과학, 스마트팜

사막 지역에서 대형 스프링클러를 이용한 관개농업이 번성하는 이유는 물이 필요한 시간과 양을 정확하게 계산해서 조절할 수 있는 스프링클러가 고온건조한 기후 조건에서 증발산으로 물이 대기 중으로 사라지는 것을 최소화하여 물을 가장 효율적으로 활용하도록 해주기 때문이다. 다시 말하면 물이 꼭 필요한 때에 꼭 필요한 만큼만 효율적으로 주기 위해서 작물의 상태를 꼼꼼히 파악할 수 있는 과학적 시스템이 필요하다는 얘기이기도 하다. 이것이 바로 원격탐사를 도입하는 이유다. 광활한 사막을 사람이 일일이 발로 뛰면서 눈으로 확인하기는 어려우니까.

원격탐사는 특히 대규모 농업에서 넓은 지역을 모니터링하다가 이상 징후가 발견되는 지역을 조기에 탐지하고 직접 방문하여 필요한 조처를 취할 수 있기 때문에 시간과 노력을 절약할 수 있어 경제적이다. 뿐만 아니라 병충해나 영양 부족이 나타나는 지역에만 약이나 퇴비를 주는 등의 조처를 하면 되기 때문에 불필요한 비료나 약물 살포를 막아 환경에도 도움이 된다. 최근에는 고해상도 지구관측위성이 많아지고 스마트 기기가 널리 보급되고 활용도도 높아짐에 따라 작황 정보를 보다 정확하고 빠르게 제공할 수 있게 되어 정밀농업 또는 스마트팜이라는 이름으로 연구개발이 활발하게 이루어지고 있다.

농작물은 품종이나 지역에 따라 파종하고 수확하는 시기가 다르다. 예를 들어 콩은 봄에 심고, 김장 배추는 늦여름에 파종한다. 봄에 심어 가을에 추수하는 벼의 경우 추위가 빨리 오는 중북부 지역과 중산간지에서는 조생종을 재배하여 조금 일찍 수확하고, 나머지 지역에서는 일반적으로 중생종과 만생종을 재배한다. 따라서 대략 언제 어느 지역에서 어떤 작물을 파종하고 수확하는지에 대한 정보와 주기적으로 원격탐사에서 얻은 식생활력 정보를 융합하면, 농작물 지도를 만들어 작물 생장 주기에 따라 모니터링하면서 생산량도 예측할 수 있다. 이러한 정보를 바탕으로 국가나 기업은 농산물 가격을 책정하거나 생활물가 안정을 위한 대책을 마련하는 데 도움을 받을 수 있다.

농작물은 공장에서 하루아침에 대량으로 생산할 수가 없다. 땅과 햇빛이 필요하고, 자라는 데 일정한 시간이 걸린다. 홍수나 가뭄, 병충해 등 외부 환경 요인의 영향도 많이 받는다. 최근에는 이상 고온, 홍수와 가뭄의 양극화, 신종 전염병의 확산 때문에 안정적인 먹을거리 공급이 점점 어려워지고 있는 실정이다. 특히 아프리카는 매년 악화되는 가뭄으로 식량위기가 심각하다.

먹을거리는 인류의 생존과 직결된다. 생존이 위협받는 상황에서는 사회적 안정도 보장할 수 없기 때문에 여러 국가나 국제기구에서는 원격탐사 기법으로 주요 농작물의 전 세계 작황을 감시하고, 심각한 흉작이 예상되면 대응 방안을 논의하고 조처를 취한다. 일례로 유럽의 MARS^Monitoring Agricultural Resources 프로젝트는 지구관측 인공위성 영상에서 추출한 작황 정보와 기상 데이터를 연동해 수확 예측 모델을 만들어 주기적으로 작황 예측 정보를 제공하고, 필요한 경우 조기 경보를 발령하여 비상사태에 대비하도록 하고 있다.

우리에게 농업은 직접 씨를 뿌리고 잡초를 뽑고, 비가 오면 수해를 입을까, 날이 가물면 흉작이 될까 노심초사하며 발로 뛰느라 힘든 일이라는 인식이 여전히 남아 있다. 하지만 미래 농업은 하루에도 여러 번씩 인공위성이 사람을 대신해서 경작지를 방문하고 정보를 수집해서 보내주면 이를 인공지능으로 분석한 지도를 만들어 그 결과를 스마트폰으로 받아서 관리하는 방식으로 진화하고 있다. 제4차 산업혁명과 함께 최첨단 과학이 가장 복합적으로 융합되는 분야라고 할 수 있다.

6장

화성을 닮은 지구,
아타카마

이보다 더 화려할 순 없다

초록과 선홍색의 강렬한 대비, 빛의 속도로 지나간 그 무엇이 남긴 듯한 흔적! 그림 40을 보고 있으면 마치 외계 행성 어딘가에 숨겨진 비밀기지를 보는 듯한 낯선 느낌이 들기도 한다.

하지만 이곳은 태평양 연안에 있는 칠레의 도시 안토파가스타에서 약 170킬로미터 떨어진 에스콘디다 광산이다. 해발 3,050미터에 위치한 에스콘디다 광산에서는 세계에서 가장 많은 구리가 난다. 광물이 지표면에 노출되어 있는 노천광산인 이곳에는 열수 광상熱水鑛床의 일종인 반암동斑岩銅 광상이 넓게 분포하고 있다. 반암동의 동銅은 구리를 뜻한다. 광상이란 지각 내에 유용한 광물이 많이 응집되어 있는 곳을 뜻하며, 이러한 광물을 채굴하는 곳이 광산이다.

에스콘디다 광산 지역의 열수 광상은 아주 오래전 지각의 판구조 운동으로 안데스산맥이 생겨날 때 틈새를 따라 지하로 흘러 들어간 해수가 마그마에 가열되어 주변의 암석으로부터 금속을 녹여낸 후, 마그마가 분출될 때 지각의 상부로 이동하며 금속 화합물을 침전시켜 만들어졌다. 열수가 이동하면서 주변의 지각 물질과 섞여 변성암 지대를 이루면서 구리 성분이 특히 많은 반암동 광상이 되었다.

그림 40은 2000년 4월 23일 미국의 지구관측위성 테라Terra에 탑재된 아스터 광학카메라가 촬영한 영상을 단파장 적외선 밴드를 이용해 색 합성한 것이다. 아스터 센서는 가시광선부터 근적외선, 단파장 적외선, 열적외선에 해당하는 파장 영역을 14개로 세분한 영상을 얻을 수 있기 때문에 분광반사도 정보를 여러 방식으로 조합하여 색감이 다양한 컬러

그림 40 칠레 아타카마사막에 위치한 에스콘디다 광산을 촬영한 것이다. 아스터 광학센서의 단파장 적외선 밴드를 이용해 색합성한 영상으로 화려한 색감을 보여준다.

이미지를 만들 수 있다. 에스콘디다 광산 일대의 반암동 광상에서 나타나는 여러 광석은 종류에 따라 단파장 적외선의 빛에 다르게 반응하기 때문에 그 특성을 보여주는 분광 밴드들을 조합해서 컬러 영상을 만들면 무척 특이한 이미지를 얻을 수 있다. 사람의 눈으로는 볼 수 없는 정보가 시각화되기 때문이다.

청색 계열의 색(파랑~보라)으로 나타나는 지역은 알루미늄계 광석인 천매암질의 변성암 지대이고, 녹색 계열의 색(초록~베이지)으로 나타나는 지역은 마그네슘계 광석인 안산암질의 변성암 지대이다. 안산암은 주로 해양 지각과 대륙 지각의 경계에서 안산암질의 마그마가 지표로 분출하여 급격히 냉각될 때 만들어지는데, 열수에 의해 변성된 안산암에는 구리가 농축되어 있다. 즉, 녹색으로 보이는 지역에는 구리가 많다. 하지만 채굴이 활발해지면서 구리가 줄어들면 황색으로 변한다. 영상에서 적색 계열로 나타나는 지역은 알루미늄과 마그네슘 광물이 섞여 있는 곳이다. 변성 퇴적암의 일종인 천매암과 화산활동으로 만들어진 안산암이 섞여 있기 때문이다.

에스콘디다 광산은 1990년대부터 활발하게 채굴되기 시작했는데 아스터 영상이 촬영된 2000년에는 이 지역에서 매일 12만~13만 톤의 동광석을 채굴했다고 한다. 동광석은 제련하는 과정에서 금과 은을 부수적으로 얻을 수 있다. 이 때문에 에스콘디다 광산은 연간 제련된 구리의 총생산량이 83만 톤에 금은 5톤, 은은 110톤에 이른다. 구리뿐만 아니라 금과 은 생산량도 세계 최대를 자랑하는 덕분에 당시 이곳은 엄청난 호황을 누렸다.

구리는 자동차, 전기, 전자, 건설, 해운 등 제조업 전반에 걸쳐 많이 활용되므로 경기가 좋아지면 가격이 오르고 경기가 나빠지면 가격이 낮아진다. 그래서 구리의 가격 변동은 세계 경제의 흐름을 알려주는 경제 지표로도 쓰인다. 닥터 코퍼Doctor Copper라고 한다. 가끔 에스콘디다 광산에서 노사 갈등이 벌어져 전 세계 구리 가격이 오른다는 기사가 보도되는데, 이 광산의 생산량이 감소하면 국제 구리 가격이 달라질 정도이니, 글로벌 구리 산업에서 차지하는 비중이 얼마나 큰지를 알 수 있다.

광물자원을 탐사하는 인공위성

그림 41은 앞에서 본 아스터 단파장 적외선 밴드 색합성 영상과 같은 날 같은 시간의 모습이다. 위성에서 촬영한 가시광선의 청색, 녹색, 적색 밴드의 반사도 정보를 실제 색으로 조합하여 만든 컬러 영상이다. 우리가 헬리콥터를 타고 이 일대를 내려다본다면 아마도 이런 모습일 것이다. 단파장 적외선 밴드로 색합성한 영상과 비교하면 과연 같은 곳이 맞는지 의심이 들 정도로 삭막해 보인다.

앞서 소개한 그림 40의 다중밴드 색합성 영상은 우리가 눈으로 볼 수 없는 단파장 적외선 영역에서 나타나는 지표의 반사도 차이를 시각화한 것이다. 암석이 함유한 주요 광물이 무엇이냐에 따라 반사 특성이 달라지기 때문에 빨강, 초록, 노랑, 청록, 보라 등의 다양한 색이 나타난다. 영상에서 나타나는 여러 가지 색은 어떠한 광물이 어느 정도로 분포하는지를 직관적으로 보여주는 중요한 단서가 된다. 원격탐사의 마술 같은 능력이 여기에 있다. 우리 눈에 보이지 않는 정보를 이미지로 시각화해서

그림 41 **칠레 아타카마사막에 위치한 에스콘디다 광산을 자연색으로 합성한 영상이다.**

우리가 눈으로 볼 수 있게 해주는 힘 말이다.

에스콘디다 광산 일대의 반암동 광상을 수직 단면으로 잘라 보면 대체로 안쪽에 석영과 칼륨계 광물이 포함된 자철석이나 황철석이 있고, 그 바깥을 천매암과 안산암 계열의 암석층이 뒤덮고 있다. 그림 40의 다중밴드 색합성 영상은 알루미늄계와 마그네슘계 광물이 단파장 적외 구간에서 흡수율의 차이를 나타낸다는 점에 착안하여 아스터 광학 센서의 6번(2.185~2.225마이크로미터)과 8번(2.295~2.365마이크로미터) 밴드 영상을 4번(1.6~1.7마이크로미터)과 함께 색조합에 사용한 것이다.

예를 들어 알루미늄계 광물은 2.2마이크로미터의 파장대에서 전자기파 에너지를 강하게 흡수하기 때문에 이 파장대와 밀접한 아스터 6번 밴

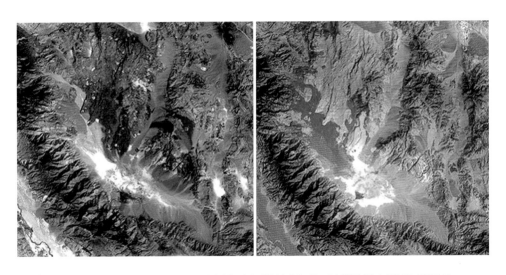

그림 42 **같은 지역을 촬영한 아스터 위성영상을 각각 다른 분광밴드를 써서 색합성했다. 암석의 성분에 따라 중적외 파장영역에서 나타나는 반사 특성이 다르므로 다중밴드 색합성된 위성영상에서 색이 다르다는 것은 지질도 다르다는 의미이다.**

© NASA

드 영상에서 낮은 반사도를 보인다. 한편 마그네슘계 광물은 2.35마이크로미터 파장대에서 전자기파 에너지를 강하게 흡수하기 때문에 아스터 8번 밴드 영상에서 낮은 반사도를 보인다. 이런 특성들을 보이는 세 개 밴드를 선택하고 각각 RGB색으로 지정하면 각 밴드의 반사도가 해당 색의 명암으로 표현되고, 이들이 어우러져 다양한 색으로 조합된 다중밴드 색합성 영상이 만들어진다.

그림 42의 두 사진은 같은 지역의 영상을 아스터 센서의 다른 분광 밴드를 써서 컬러로 만든 것이다. 왼쪽 영상은 4번(중심파장 1.65마이크로미터), 6번(2.205마이크로미터), 8번(2.23마이크로미터) 밴드 영상을 RGB에 대응한 것이고, 오른쪽 영상은 13번(10.6마이크로미터), 12번(9.1마이크로미터), 10번(8.3마이크로미터) 밴드를 사용한 것이다. 왼쪽 영상에서 황색-녹색 계열로 보이는 지역은 석회암 계열의 암석이 있는 곳이며, 보라색은 고령토 지대이다. 오른쪽 영상에서 규산 성분이 많은 지역일수록 보라색에서 적색으로 나타나고, 탄산염 광물이 많은 곳은 녹색으로 보인다.

이처럼 원격탐사는 광물자원을 탐사하는 데도 무척 유용하다. 아타카마사막처럼 기후가 건조한 환경에서 사람이 넓은 현장을 돌아다니며 직접 암석 시료를 채취하고 성분을 분석하는 지질 조사를 하려면 현실적으로 제한이 많고 어렵다. 따라서 넓은 지역에 분포하는 광상의 형태를 인공위성 영상으로 먼저 파악하고 매장량을 추정하는 등의 사전 조사를 함으로써 보다 치밀한 현장 조사를 계획할 수 있다. 뿐만 아니라 같은 지역을 주기적으로 촬영한 영상을 비교하면서 채굴 진행 상황을 모니터링할 수도 있다.

칠레 사막에서 만나는 달과 무지개

지금으로부터 약 6,500만 년 전 중생대 말에서 신생대 제3기에 이르는 동안 지구에서는 그 어느 때보다 조산운동이 활발하게 일어났다. 그 중에서도 남아메리카 대륙의 안데스 지역은 당시의 지각 변화를 고스란히 간직하고 있다.

그렇다면 안데스산맥은 어떻게 만들어졌을까? 판 운동에 의해 태평양 동쪽에 있던 해양판인 나즈카판이 남아메리카 대륙판과 부딪히는 과정에서 무거운 해양판이 대륙판 아래로 밀려들어가는 섭입 현상이 일어났다. 이때 해안 지역이 솟아오르며 해안 산맥이 형성되고, 고원이 발달했으며, 동쪽으로 밀려난 대륙 지각은 압축되어 높고 험한 안데스산맥을 만들었다. 그래서 안데스산맥 일대는 마그마나 열수와 함께 지상으로 흘러나온 광물 침전물들이 넓게 퍼져 있으며 지금도 화산활동이 많이 일어나고 있다. 전 세계 활화산의 4분의 3이 모여 있는 안데스산맥은 '불의 고리'라고도 불리는 환태평양 조산대에 속한다.

칠레의 아타카마 지역은 사막 여행지로도 잘 알려져 있다. 이곳에는 울창한 나무와 가지각색의 식물들이 만들어내는 아름다운 경관은 없다. 그러나 살아 있는 지질학 박물관이라고 불릴 만큼 지각운동이 활발해서 여러 형태의 화산과 분화구, 칼데라는 물론 뜨거운 마그마가 데운 지하수가 표층으로 올라와 지상의 차가운 공기와 만나 수증기로 피어오르는 멋진 장관도 볼 수 있다. 이런 아타카마를 지구관측위성으로 보면 어떤 모습일까?

그림 43은 센티넬 2호 위성이 2020년 10월 10일 아타카마 일대를 촬

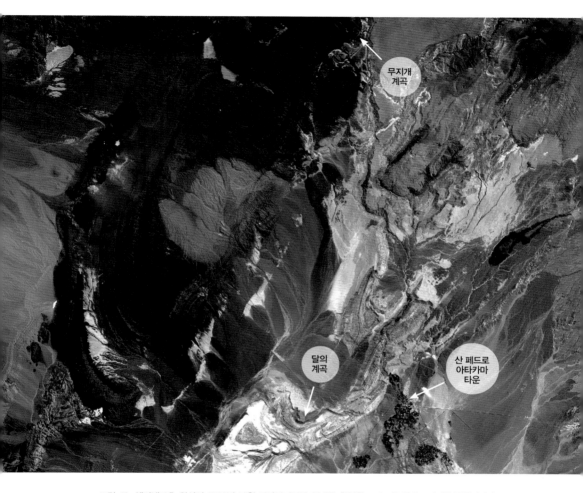

무지개
계곡

달의
계곡

산 페드로
아타카마
타운

그림 43 센티넬 2호 위성이 2020년 10월 아타카마사막 일대를 촬영한 모습. 살아있는 지질학 박물관이라
고 할 만큼 지각운동이 활발하고 독특한 풍광 덕분에 달의 계곡과 무지개 계곡이라는 이름이 붙여진 곳도
있다.

영한 모습으로 자연색합성한 영상이다.

세계에서 가장 건조하고 메마른 땅이라고도 불리는 아타카마사막은 북부 해안 산맥과 안데스산맥 사이의 고원에 위치한다. 칠레 해안에는 남극대륙에서 발원한 훔볼트 해류가 흐르는데, 이 차가운 해류는 해안가의 공기를 식혀 하강기류를 형성한다. 적도에서 불어온 고온다습한 바람은 페루 내륙에 도달하기도 전에 하강기류로 인해 바다 위에서 수증기로 만들어질 뿐 아타카마 고원까지는 올라가지 못한다. 한편 대서양에서 불어오는 뜨겁고 습한 바람은 아마존 열대 밀림을 지나면서 비를 뿌리고 안데스산맥으로 올라오면서 건조하고 차가운 공기로 바뀐다. 그리고 안데스산맥을 넘어 태평양 쪽으로 하강하면서 따뜻하고 건조한 바람과 만나 높은 기온을 만든다. 이렇게 해서 10만 제곱킬로미터가 넘는 아타카마 고지대는 비가 거의 내리지 않는 건조한 상태를 2,000만 년 동안 유지하고 있다. 너무 건조해서 생물이 살기 어렵고 지각운동이 만든 지형이 그대로 보존된 덕분에 독특한 분위기를 자아낸다. 마치 외계 행성 어딘가에 와 있는 듯한 느낌이 들어서 '달의 계곡'이나 '무지개 계곡' 같은 이름이 붙은 곳도 있다.

달의 계곡은 산 페드로 아타카마 타운의 서쪽에 있다. 바다 밑의 퇴적층이 섭입 과정에서 솟아올라 발달한 고원 지형이다. 연약한 지층이 바람을 맞아 부서지고 깎이며 이국적인 풍광을 만들어낸다. 산들이 독특한 굴곡을 이루며, 계곡 위로는 마치 눈이라도 흩뿌리고 간 것처럼 희끗희끗한 물질이 덮여 있다. 이 물질들은 바닷물이 증발하면서 나트륨과 염소 성분이 합성되어 만들어진 소금 결정이다. 오랜 시간이 지나면서 암석화된 소금 결정을 암염이라고 하는데, 그림 44에서 하얗게 보이는 것

그림 44(위) 센티넬 2호 위성이 아타카마사막에 위치한 달의 계곡을 촬영한 영상이다.

그림 45(아래) **아타카마사막의 계곡**

그림 46 랜셋 8호 위성에서 촬영한 아타카마 염원. 바닷물이 증발하고 침전된 염분으로 뒤덮인 땅 아래 중 탄산리튬이 존재한다는 사실이 알려져 지금은 세계 최대 규모의 리튬을 생산하는 곳이다. 직선 모양으로 보이는 것들이 리튬을 채굴하는 시설이다.

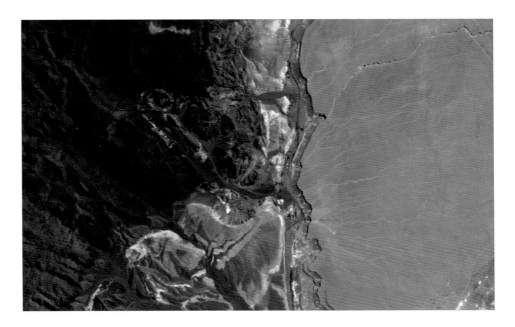

그림 47 센티넬 2호 위성이 아타카마사막의 무지개 계곡을 촬영한 영상이다.

이 바로 암염이다.

　달의 계곡 남쪽에는 살라 드 아타카마라는 염원이 있다. 염원^{salt flat}이란 바닷물이 증발하고 침전된 염분으로 뒤덮인 평지를 일컫는다. 아타카마 염원은 약 3,000제곱킬로미터로 칠레에서 가장 크고 세계적으로는 세 번째로 크다. 딱딱한 염화나트륨층 아래에 소금물^{salt brines}이 침전되어 만들어진 중탄산리튬이 존재하는 덕분에 지금은 전 세계에서 가장 많은 리튬을 생산하는 곳이다. 리튬은 스마트폰과 노트북을 비롯한 다양한 전기제품의 배터리에 사용된다. 그림 46은 미국의 랜샛 8호 위성이 2018년 1월 4일 촬영한 영상으로 직선 모양으로 보이는 것들이 리튬을 채굴하는 시설이다.

그림 47은 달의 계곡 북쪽에 있는 무지개 계곡이다. 두 개의 지각 판이 맞닿아 있는 탓에 이 일대는 지금까지도 화산활동이 활발해서 마그마와 함께 흘러나온 광물 화합물들이 곳곳에 침전되어 있다. 이 광물들은 성분에 따라 산소와 결합하여 맨눈으로 봐도 다양한 색깔을 띠고 있다. 예를 들어 구리는 대기 중에 노출되어 산화하면서 녹색을 띠고, 철은 산화하면서 적색을 띤다. 흰색이 보인다면 석영이 있다는 뜻이다. 이렇게 다채로운 색이 펼쳐진 풍광 덕분에 무지개 계곡이라는 이름이 붙었다.

7장

자연이 그린
그림

레나 델타에 쌓인 시간의 흔적

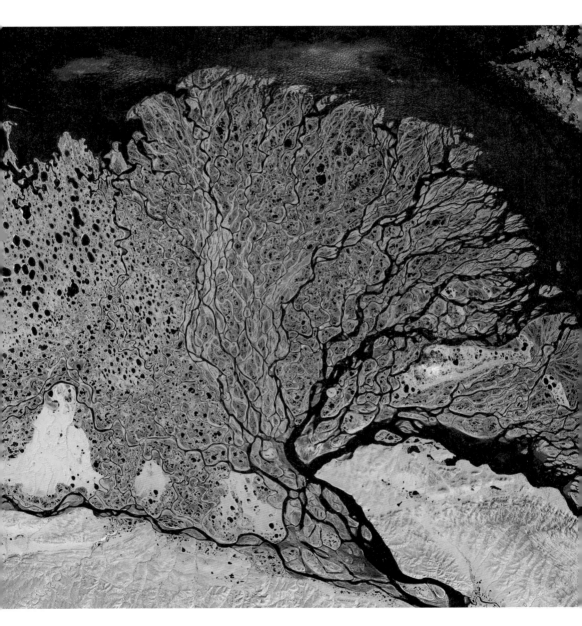

그림 48 2007년 7월 27일 랜샛 위성이 레나 델타를 촬영한 다중분광 영상을 색합성한 모습이다.

때론 현실이 드라마보다 더 드라마틱한 것처럼 자연 그대로가 그 어떤 예술작품보다 더 예술적일 때가 있다. 마치 그림 48의 영상처럼. 그림 48은 지구라는 캔버스 위에 약 1만여 년에 걸쳐 자연이 그려낸 그림을 인공위성 카메라로 촬영한 예술사진이라고도 할 수 있다. 러시아에서 가장 길다는 레나강 하구에 발달한 삼각주의 모습을 담은 영상인데 이대로 미술관에 전시해도 손색이 없어 보인다.

레나강은 바이칼호 서쪽의 산맥에서 발원하여 북극해로 유입되는데 총 길이가 4,500킬로미터로 세계에서 열한 번째 긴 강으로 꼽힌다. 유량도 많아서 연간 550큐빅킬로미터(550×10¹² 리터)에 달하는 담수가 랍테프해로 유입된다. 앞에서도 설명한 바와 같이 1큐빅킬로미터의 물은 서울시 인구 1,000만 명이 1년 동안 쓰는 정도의 양이다. 덕분에 이 일대 북극해는 지구 상에서 염도가 가장 낮다.

마치 부채를 펼쳐놓은 듯한 모습으로 발달한 레나강의 삼각주는 남북 방향으로 직선거리가 190킬로미터, 동서 방향으로는 250킬로미터에 면적이 3만 제곱킬로미터에 이른다. 시베리아에서는 가장 크고 세계적으로는 다섯 번째로 크다.

그림 48의 위성영상은 2007년 7월 27일 랜샛 위성에서 촬영한 것으로 지표의 수분과 식생의 특성을 잘 반영하는 단파장 적외선과 근적외선, 적색 가시광선 밴드 영상을 색합성한 것이다. 오른쪽 하단, 강줄기 옆에 보라색으로 보이는 곳은 유속이 느려지면서 운반된 모래가 퇴적되어 만들어진 모래톱이다. 여기서부터 레나강의 지류들은 갈래갈래 뻗어 나가 좁은 물길들이 만나고 헤어지고를 반복하며 바다로 연결되고, 그 일대에는 작은 물웅덩이들과 함께 습지가 넓게 펼쳐져 있다. 습지는 녹색

그림 49 레나 델타 입구에서 서쪽으로 갈라진 강줄기를 따라가다 보면 영구동토층이 드러난 절벽이 보인다.

계열의 색들로 나타나는데, 색들이 조금씩 다른 이유는 같은 습지라도 미세하게 환경이 다르고 자라는 식물들이 다르기 때문이다. 이 일대는 해발 15미터 정도로 레나 델타에서 지대가 가장 낮아 학자들 사이에서는 1층 테라스라고 불린다.

부채꼴의 왼쪽, 유난히 붉은색으로 도드라진 지역은 지대가 다소 높아 해발 20미터 정도 되는데, 2층 테라스라고 한다. 상대적으로 건조하고 모래가 많아 뿌리, 줄기, 잎의 구분이 뚜렷한 유관속식물은 거의 없고 이끼와 같은 지의류가 주로 서식한다. 그림의 오른쪽 하단에는 삼각주가 시작되는 입구에서 서쪽으로 흐르는 레나강 지류를 따라 높이가 50~60미터에 이르는 고원이 있다. 고대 프리모르스키 평원의 일부가 오랫동안 침식되어 형성된 곳으로 밝은 연두색으로 보인다. 이 일대에서 가장 지대가 높아 3층 테라스라고 불린다. 그림 49는 레나강 쪽으로 드러난 수직단면인데, 1년 내내 꽁꽁 얼어붙어 있는 영구동토를 볼 수 있다.

테라스처럼 세 개 층을 이루는 레나강 삼각주의 특이한 지형은 오랜 시간에 걸쳐 변화하며 만들어졌다. 지대가 가장 높은 대륙 빙상 고원지대(위성영상에서 밝은 연두색)와 2층 테라스로 불리는 북서쪽의 평야지대(위성영상에서 붉은색)는 레나강의 지류가 영향을 미치지 못하기 때문에 침식 지형이 지속적으로 발달해온 반면 부채꼴 모양으로 넓게 펼쳐진 1층 테라스 습지에서는 침식과 퇴적이 반복되면서 퇴적화되는 새로운 지형이 발달해왔다.

레나 델타 지역에 나타나는 뚜렷한 특징 중 하나는 곳곳에 형성된 크고 작은 호수들이다. 이곳처럼 영구동토의 상층부에 형성되는 호수를 융해호라고 하는데, 물은 모든 파장대에서 반사도가 낮기 때문에 위성영상에서는 검은색에 가까운 어두운 색으로 보인다.

처음 그림 48의 레나 델타 위성영상을 보았을 땐 자연이라는 예술가가 만들어낸 독특한 패턴과 화려한 색 이면에 이렇게 많은 지질학적, 생태학적, 기후학적 의미가 숨어 있을 거라고는 생각하지 못했을 것이다.

마치 미술관에서 시선을 끄는 작품 앞을 서성이다 우연히 옆을 지나가던 전시 해설사의 설명을 듣고 작품의 배경과 의미를 이해하게 되었을 때 그 작품이 더 친근하고 감동적으로 느껴지는 것처럼 원격탐사도 지구라는 미술관 곳곳의 역사와 특성을 더 잘 이해할 수 있도록 설명해주는 해설사 역할을 한다.

해수면의 변화를 기억하는 삼각주

삼각주, 영어로 델타는 강 하구에 발달한 퇴적 지형으로 그리스 문자 델타△를 닮았다고 해서 붙은 이름이다. 하천과 해양이 만나는 지대로 강물과 함께 떠내려 온 토사가 쌓여 만들어진 평야이다. 보통 육지에서 영양분이 많은 물질이 운반되어 퇴적되므로 토양이 기름져서 농사짓기에 좋다. 미얀마에서 가장 길다는 총 길이 2,000킬로미터가 넘는 이라와디강 하구의 삼각주가 대표적인데, 이 나라 최대의 쌀 생산지로 유명하다.

하지만 레나강 하구의 삼각주는 보통의 삼각주와는 다르다. 방사성 동위원소 분석에 따르면 이곳의 토양은 상류에서 운반되어 온 유기물 성분을 많이 함유한 흙이 퇴적되어 오랫동안 물에 닿아 늪지화되는 과정에서 형성된 것이 아니라, 이끼와 풀들이 자라던 습지 지역이 랍테프해의 해수면이 높아져 물에 잠기는 바람에 물속에서 침전되어 퇴적층을 이루고 그 동식물들이 유기 광물로 변형되면서 만들어졌다고 한다.

지금으로부터 3만~4만 년 전, 인류의 마지막 빙하기에 북부 유럽과 북아메리카 대륙까지 빙하가 발달하던 시절, 중앙 시베리아 고원 일대에도 커다란 대륙빙상이 형성되었다. 그러다 지각변동에 의한 단층으로 지반이 갈라져 협곡이 만들어졌고, 그 틈을 따라 바이칼호에서 랍테프해로 흐르는 레나강 줄기가 생겨났다. 1만 7,000년~1만 5,000년 전에는 이곳의 해수면이 지금보다 훨씬 낮았기 때문에 삼각주는 수백 킬로미터 북쪽에 형성되어 있었다. 참고로 레나강은 남쪽의 시베리아 대륙에서 북쪽의 북극해로 흘러든다.

현재의 레나 델타 지역은 약 1만 년 전 마지막 빙하기가 끝나고 유럽 대륙의 빙상이 사라지면서 삼각주로 발달하기 시작했다. 이곳에서는 약 8,000년 전에 형성되었다고 추측되는 토탄층이 발견되었다. 토탄은 당시 이 일대가 식물이 자라는 육지였으며, 해수면이 상승하여 물에 잠기는 바람에 부패한 동식물들에 의해 만들어졌다는 것을 증명한다. 토탄土炭은 흙으로 된 석탄이란 뜻이다. 이탄이라고도 하고 영어로는 피트peat라고 한다. 늪처럼 습도가 높고 공기와 적게 접촉하는 환경에서 죽은 식물이 오랜 시간이 지나면 석탄으로 바뀌는데, 토탄은 그 과정에서 만들어지는 일차 생산물이다.

약 6,000년 전에 이르러 이 일대의 해수면이 하강하면서 델타 입구의 대륙빙상이 깎여 나가고 델타 북서쪽 하단에 발달해 있던 충적평야 지역이 높이 드러났다. 더불어 레나강의 지류가 발달하면서 새로운 퇴적 지형이 만들어지고 여기에 식물들이 자라나기 시작했다. 그러다가 시간이 흘러 다시 해수면이 높아져 물에 잠기면 유기물들의 퇴적층이 만들어지고, 다시 해수면이 낮아져 육지가 드러나면서 바람에 의한 풍화, 빗물에 의한 침식 등이 일어났다. 지금까지 밝혀진 바에 따르면 해수면이 상승한 시기는 약 8,000년 전, 5,000년 전, 3,500년 전이고, 하강한 시기는

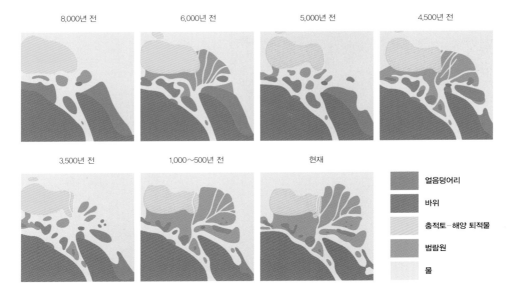

8,000년 전	6,000년 전
5,000년 전	4,500년 전
3,500년 전	1,000~500년 전
현재	

얼음덩어리
바위
충적토=해양 퇴적물
범람원
물

그림 50 **오랫동안 해수면이 상승과 하강을 반복함에 따라 레나 델타의 지형이 변화한 과정을 보여준다.**

© D. Bolshiyanov et al., 2015

약 6,000년 전, 4,500년 전, 그리고 1,000년 전부터다. 이러한 해수면의 상승과 하강이 1만 년이라는 시간 동안 반복되면서 지금의 레나 델타에 3층의 해안 테라스라는 독특한 경관이 만들어진 것이다.

툰드라에도 봄은 오고 꽃은 핀다

그림 51은 유럽 지구관측위성 엔비샛Envisat이 2006년 6월 15일 촬영한 영상이다. 우리가 시베리아 상공에서 레나 델타 지역을 내려다본다면 이런 모습일 것이다. 6월 중순인데도 눈이 하얗게 쌓여 있고, 인근 바다

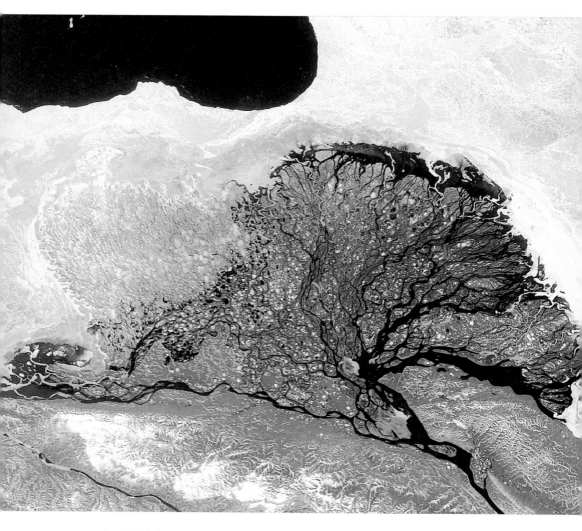

그림 51 유럽의 앤비샛 위성이 2006년 6월 15일 촬영한 레나 델타의 모습

는 얼어붙어 있다.

레나강 하구의 삼각주는 한대 기후가 특징인 툰드라 지대에 속한다. 툰드라는 대륙의 최북단에 속하는 지역으로 북극해 일대의 그린란드, 캐나다, 러시아, 미국 일부가 포함된다. 1년 내내 녹지 않고 얼어붙은 땅과 비가 거의 내리지 않는 건조한 기후가 특징이다. 연간 강수량은 겨우 190밀리미터 정도다. 연평균 기온은 섭씨 영하 13도이며, 1년 중 대부분을 차지하는 긴 겨울에는 기온이 영하 30도를 밑돈다. 여름은 두 달 정도로 아주 짧은데, 최고기온도 영상 10도를 넘지 않는다. 그나마 가장 따뜻한 7월의 평균기온이 영상 6.5도이다.

툰드라는 나무가 없는 언덕이라는 뜻이다. 그렇다고 식생이 전혀 자라지 않는 것은 아니고, 이끼와 지의류, 왜소한 초본식물, 관목들이 자란다. 나무는 키가 커질수록 땅속 깊숙이 뿌리를 내려 자신을 지탱하고 깊은 곳에 있는 물을 끌어 올려야 하는데 툰드라는 1년 내내 꽁꽁 얼어붙은 영구동토층이 있어 나무가 자라기 어렵다. 봄에서 가을까지 식물이 자랄 수 있는 온대 기후와 달리 툰드라에서는 언 땅이 녹아 부드러워지는 두세 달 동안에만 식물이 자랄 수 있다. 그나마 생장 초기에는 땅이 아직 살짝 얼어 있고, 후기에는 땅이 얼 정도까지는 아니지만 태양빛이 줄고 눈이 쌓이기 시작한다. 여름에도 기온이 낮고 강수량이 적어 광합성으로 만들어지는 일차 생산량이 낮기 때문에 식물이 크게 자라지 못한다. 생장 기간이 짧으니 매년 싹을 틔우고 자라서 꽃을 피우고 열매를 맺는 한해살이 식물보다 여러해살이 식물이 많다. 식물들은 혹독한 추위와 바람을 이겨내기 위해 다닥다닥 붙어 군집으로 서식한다. 봄이 오면, 1년 중 대부분의 기간 동안 얼어 있는 레나 델타에서도 지표가 녹으면서 질

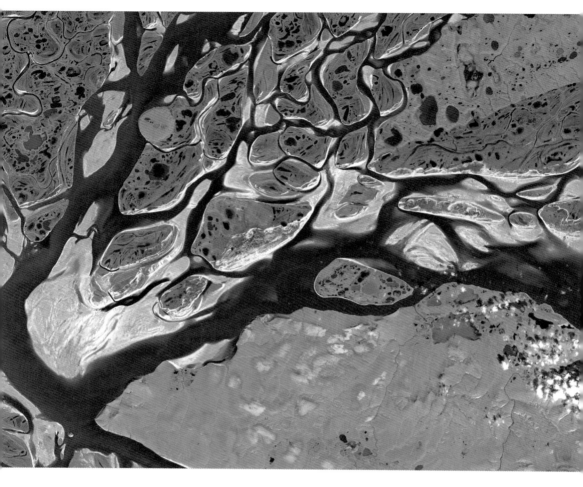

그림 52 2005년 6월 16일 테라 위성이 촬영한 레나 델타의 습지대 모습. 언 땅이 녹아 부드러워진 곳에는
키 작은 식물들이 자라나고, 영구동토층이 있어 아래로 빠지지 못한 물은 고여서 곳곳에 융해호를 만든다.

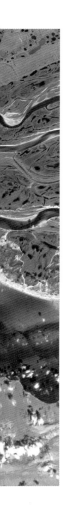

퍽해진 땅 위로 지의류나 지피류 같은 식물들이 자라난다.

그림 52는 미국 테라 위성의 아스터 센서가 2005년 6월 16일 촬영한 영상으로 레나 델타 중에서도 지대가 낮은 습지대의 모습이다. 녹색으로 보이는 곳은 식생이 있는 지역이고, 강 주변에 약간 청색을 띤 밝은 지역은 고운 흙이 쌓여 만들어진 지형이다. 식물들이 자라는 습지 곳곳에 어두운 색으로 둥근 형태를 보이는 것들은 융해호이다. 땅이 녹아 한꺼번에 많은 물이 생기는데 영구동토층이 물이 아래로 빠지는 현상을 막아주기 때문에 고여서 만들어진 것이다.

이런 민물에서는 크기가 아주 작은 물벼룩이나 몸의 앞쪽에 원형으로 배열된 섬모를 움직여 생활하는 윤형동물과 같은 동물성 플랑크톤이 산다. 특히 곰벌레라고도 하는 완보동물은 혹한의 겨울을 나면서 모든 수분을 잃고 쪼그라들어 작은 알갱이처럼 말라 있다가 봄이 되어 물을 만나면 다시 깨어난다. 때로는 이렇게 수십 년을 버티기도 한다. 식물이 자라는 곳에는 진드기와 거미, 톡토기, 물벼룩같이 식물에 붙어 사는 생물들도 나타난다.

레나 델타에 여름이 오면 곳곳에서 생명체들이 살아 꿈틀댄다. 먹이가 많고 포식자의 위협이 비교적 적기 때문에 백조와 거위, 오리, 갈매기같은 철새는 물론 시베리아에 서식하는 많은 동식물의 은신처이자 산란지가 된다. 이러한 이유로 레나 델타는 북극해에서 가장 규모가 넓은 자연보호지역으로 지정되어 관리되고 있다.

영구동토에 생겨나는 다각 구조

레나 델타의 땅에는 다각구조토라는 독특한 패턴이 나타난다. 극심한 추위 때문에 영구동토층이 만들어져 있지만 윗부분의 활성층은 여름에 녹았다가 겨울에 다시 어는 과정을 되풀이한다. 그런데 기온이 낮아져 녹았던 땅이 다시 얼면 땅속에 있던 수분도 같이 얼면서 부피가 팽창하고, 그 여파로 토양층이 수직으로 갈라지고 틈이 벌어진다. 그 틈이 다시 물로 채워지고 팽창하기를 수십 년간 반복하면 그림 53과 같이 얼음 쐐기가 된다. 두꺼운 얼음 쐐기는 깊이가 10미터를 넘기도 한다. 얼음 쐐기가 형성된 상층의 지면은 다소 솟아올라 얕은 언덕을 만드는데, 여름이 되면 이 언덕을 따라 흘러내린 물이 가운데로 모여든다. 밑에는 영구동토가 있으므로 땅속으로 스며들 수 없는 물은 작은 웅덩이 또는 습지를 형성한다. 이렇게 만들어진 다각구조토와 습지는 특히 지대가 낮은 1층 테라스 지역에 많다. 우리나라 아리랑 3A호가 촬영한 그림 54의 위성영상은 레나강 하구 저지대의 다각구조를 선명히 보여준다.

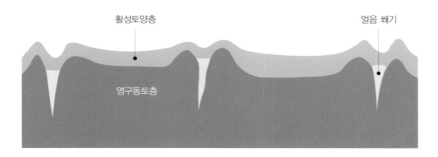

활성토양층   얼음 쐐기

영구동토층

그림 53 **영구동토에서 만들어지는 얼음 쐐기와 다각구조토**

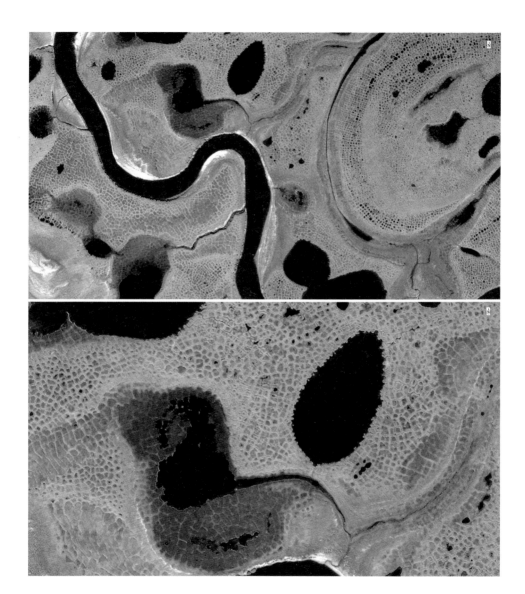

그림 54(위) **아리랑 3A호 위성이 촬영한 레나 델타의 다각구조토 모습**

그림 55(아래) **레나 델타 다각구조토를 확대한 모습**

다각구조토 아래의 영구동토층에는 화석연료의 일종인 토탄이 엄청나게 많이 묻혀 있다. 꽁꽁 언 토탄을 품은 영구동토층은 거대한 탄소 저장고로서 지구의 기후가 균형을 유지하는 데 중요한 역할을 한다. 하지만 최근 지구온난화가 빨라지면서 이곳마저도 녹아 토양 속의 유기광물, 즉 토탄층에서 이산화탄소와 메탄이 방출되고 있다. 이산화탄소와 메탄은 온실가스의 대표 격으로 지구온난화의 주범이기 때문에 이들이 대기 중으로 퍼지는 현상은 큰 문제다. 기후변화를 연구하는 학자들은 레나 델타 지역의 융해호가 변화하는 현상에 많은 관심을 기울인다. 해가 갈수록 호수의 숫자가 늘고 면적이 넓어진다는 것은 시베리아의 영구동토층이 그만큼 빨리 녹고 있다는 의미이고, 이는 지구온난화가 가속화되고 있다는 증거이기 때문이다.

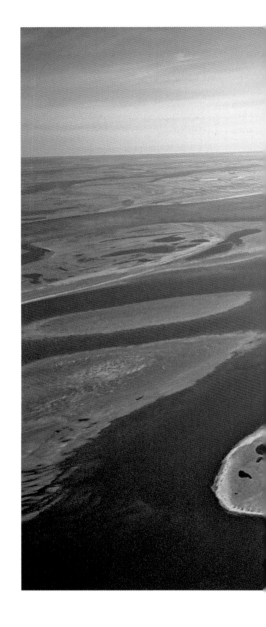

그림 56 **레나 델타의 습지대 전경**

같은 장소 다른 정보, 레이더 센서

그림을 그리는 사람에 따라 같은 풍경도 다르게 표현되는 것처럼, 같은 레나 델타를 촬영했다고 해도 인공위성에 탑재된 카메라의 센서에 따라 영상의 모습이 달라진다. 그림 57은 2019년 1월 14일 센티넬 1호 위성이 촬영한 한겨울 레나 델타의 모습이다. 노랗게 도드라져 보이는 레나강 줄기는 여러 갈래로 갈라지고 합쳐지기를 반복하다 바다로 흘러든다. 삼각주 곳곳의 얼음 호수는 마치 보석을 박아놓은 듯 영롱한 터키색으로 빛난다. 영상 위쪽의 터키색으로 보이는 지역은 염도가 낮은 랍테프해가 꽁꽁 얼어붙은 것이고, 영상 아래쪽에는 험한 산지를 무언가가 덮고 있는 것처럼 보이는데, 바로 눈(노란색)이다. 한참을 보고 있으면 시베리아의 혹독한 겨울 추위가 그대로 전해지는 듯하다.

같은 곳을 촬영했지만 앞에서 보았던 광학 영상들과는 느낌이 전혀 다른 이 위성영상은 레이더 센서로 촬영한 것이다. 인공위성에 탑재되는 카메라는 크게 광학 센서와 레이더 센서 두 가지로 나뉜다. 광학 센서는 우리가 사진을 찍는 것처럼 태양빛이 지표에 반사되어 센서에 기록된 에너지 값으로 이미지를 만든다. 반면 레이더 센서는 마이크로파장대의 전파 빔을 직접 목표 지역에 쏘고 그 반사파가 안테나로 돌아오는 신호를 측정하여 지표면의 거칠기와 수분 함량에 대한 정보를 얻는다.

인공위성에서 가장 널리 활용되는 영상레이더^{Synthetic Aperture Radar, SAR} 원

그림 57 영상레이더 센서를 탑재한 센티넬 1호 위성이 2019년 1월 14일 촬영한 레나 델타의 모습

© ESA

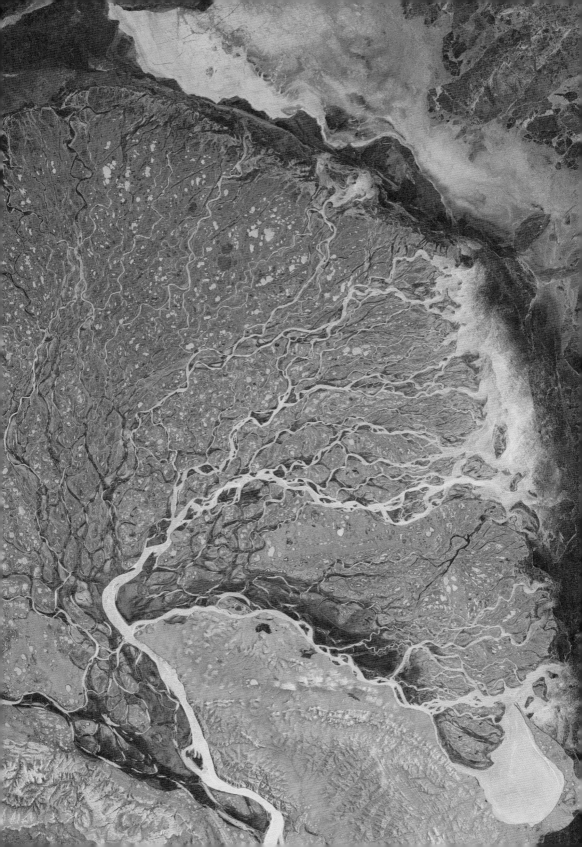

격탐사에서 반사도는 그림 58과 같이 지표에 입사된 전파 방향으로 반사되는 후방산란의 정도를 의미한다. 후방산란의 정도는 표면의 상태에 따라 달라진다. 매끄러운 지표면에서는 전방반사가 많이 일어나 상대적으로 후방산란되는 전파가 적기 때문에 후방산란계수가 낮다. 반대로 지표면이 거칠면 난반사가 일어나 후방산란계수가 보다 높게 나타난다. 지표면의 수분 함량에 따라서도 후방산란계수가 달라지는데, 물기가 많을수록 후방산란계수가 커진다. SAR 위성영상에서는 후방산란계수가 낮은 곳은 어두운 검은색으로, 높은 곳은 밝은 흰색으로 표현된다. 따라서 평탄한 표면보다 거친 표면이, 건조한 토양보다 습윤한 토양이 더 하얗게 보인다. 물은 마이크로파가 투과하지 못해서 잔잔한 물은 어둡게, 바람 부는 날의 물은 밝게 보인다.

한편 SAR 영상에서는 마이크로 전자기파의 위상 데이터가 기록된다. 위상이란 반복되는 전자파형의 한 주기에서 첫 시작점의 각도 혹은 어느 한 순간의 위치를 말한다. 따라서 같은 지역을 시간과 위치를 달리하면서 촬영한 여러 영상에서 나타나는 위상의 차이를 분석하면 지표가 변화하는 정도를 알 수 있다. 연간 몇 센티미터에 불과한 미세한 변화도 탐지할 수 있기 때문에 지진이나 화산, 빙하의 움직임, 지반 침하 등 정밀한 지표의 움직임을 모니터링하는 데 쓰인다.

이처럼 레이더 센서로 얻은 지표 정보는 광학 센서로 얻은 정보와 성격이 다르다. 광학 원격탐사에서 다루는 가시광선이나 적외선과 달리 레이더 센서에서 다루는 마이크로파는 대기 중의 수증기나 구름, 먼지 등의 영향을 거의 받지 않기 때문에 날씨에 상관없이 영상을 얻을 수 있다. 시베리아의 겨울은 흐린 날이 많아 광학 위성으로는 선명한 영상을 얻기

그림 58 영상레이더 센서는 지표면의 상태에 따라 후방산란계수가 달라진다. 평평한 표면보다 거친 표면이, 건조한 토양보다 습윤한 토양이 후방산란계수가 크고 위성영상에서 밝은 흰색으로 나타난다.

가 어렵지만 SAR 센서를 탑재한 센티넬 1호 위성을 활용하면 그림 57과 같은 레나 델타의 겨울 영상을 얻을 수 있다.

또한 레이더 센서는 위성에서 직접 전자파를 발생시켜 대상 물체로부터 반사 또는 산란되어 되돌아오는 파동을 수신하는 능동형 방식이기 때문에 광원, 즉 해가 없는 밤에도 촬영할 수 있다. 이처럼 레이더 위성은 날씨나 밤낮에 구애받지 않고 영상을 얻을 수 있기 때문에 일명 전천후 위성이라고도 한다.

우리나라는 SAR 센서를 탑재한 다목적실용위성 5호, 일명 아리랑 5호 위성을 2012년에 성공적으로 발사하였는데, 이 위성은 예상 수명 5년을 훌쩍 지난 2021년 현재까지도 고도 550킬로미터 상공에서 운행되고 있다. 후속 위성인 아리랑 6호는 2022년에 발사될 예정이다.

8장

인공위성으로 지키는
아마존

인공위성으로 산불을 감시한다

　지구의 허파라고 불리는 남아메리카 브라질의 아마존강 유역은 면적이 약 550만 제곱킬로미터로 한반도의 25배에 해당하며 지구 전체 열대우림의 절반을 차지한다. 그런데 2019년 한 해에만 이곳에 4만 건이 넘는 화재가 발생하면서 서울 면적의 약 15배에 이르는 9,060제곱킬로미터의 산림이 사라졌다. 전문가들은 화재의 일차적인 원인이 화전을 일구기 위해 불법으로 불을 질렀기 때문이라고 주장했다. 그러나 브라질의 자이르 보우소나루 현 대통령은 농민들이 토양을 개선하기 위해 불을 지피는 '퀘이마다' 기간에 일어난 일일 뿐이라며 조사 결과를 인정하지 않았다.

　우리나라에도 봄철이 되면 농사를 본격적으로 시작하기 전에, 월동한 병해충을 없애고 잡풀을 제거하기 위해 논과 밭두렁을 태우는 풍습이 있다. 정월대보름에 하는 쥐불놀이도 이러한 맥락에서 생겨났다. 흔히 식물들이 타고 난 재가 거름이 되어 토양에 양분을 공급할 거라고 생각하지만, 실제로는 진딧물의 천적인 거미처럼 유익한 곤충까지 태워 오히려 단점이 많다. 게다가 이렇게 시작된 불씨가 인근 야산으로 옮겨 붙어 발생하는 화재가 건조한 봄철 화재의 30퍼센트 정도에 이를 정도로 위험하다고 한다.

　다시 브라질 이야기로 돌아가서, 나사의 연구 팀은 인공위성이 촬영한 아마존의 화재 발생 현황을 공개했고, 위성영상을 분석한 브라질 국립우주연구소는 2019년 1월부터 8월까지 브라질 전체에서 발생한 화재가 8만 건에 이른다고 발표했다. 그림 59는 2019년 8월 15~22일에

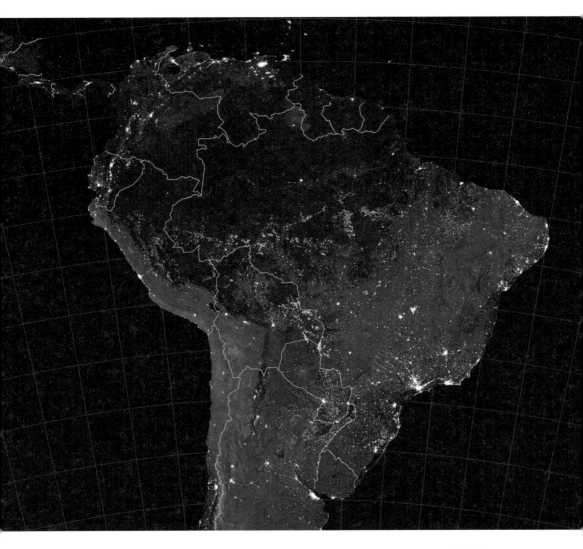

그림 59 2019년 1월부터 8월 사이 관측된 아마존 일대의 화재 발생 현황을 보여주는 영상. 화재 지역이 아마존 유역 안쪽에서 대서양을 향해 뻗은 BR-163과 BR-230 고속도로를 따라 집중 분포하고 있어 농지 개간을 위해 고의로 발생시킨 산불임을 의심케 한다.

© NASA

미국의 테라Terra와 아쿠아Aqua 위성에 탑재된 모디스Moderate Resolution Imaging Spectroradiometer, MODIS 카메라가 촬영하여 추출한 화재 지역 영상에 수오미 엔피피Suomi NPP 위성이 야간 촬영한 영상을 중첩해서 만든 것이다. 화재가 발생한 지역은 오렌지색, 도시는 흰색, 산림은 검은색, 열대 사바나는 회색으로 표현되었다.

　지구관측 인공위성으로 가장 빠르게 산불을 탐지하려면 열적외선 파장의 지표 반사도를 이용하면 된다. 산불이 일어난 지역은 그 주변보다 뚜렷하게 높은 열이 발생하기 때문에 온도 변화에 민감한 열적외 밴드 영상에서는 반사도가 높아 밝게 나타난다. 즉, 위성영상에서 주변과 뚜렷이 구별되는 밝은 화소들을 추출해내면 된다. 이를 자동화된 알고리즘으로 만들어 하루에 두 번 같은 지역을 통과하는 테라와 아쿠아 위성에 적용하면, 영상을 촬영하자마자 실시간에 가깝게 화재 발생 지역을 탐지하고 모니터링할 수 있다.

　참고로 테라와 아쿠아는 쌍둥이 위성이다. 테라는 적도를 중심으로 북에서 남으로 지구궤도를 돌며 같은 지역을 오전에 촬영하고, 아쿠아는 남에서 북으로 돌며 오후에 촬영한다. 테라와 아쿠아 위성에 탑재된 모디스 카메라는 태양복사전자기파장을 36개 구간으로 나누어 영상을 얻는다. 화재를 탐지하는 데는 중적외나 열적외 밴드의 영상을 활용한다.

　그림 59에서 산불 지역이 두드러지게 보이도록 배경으로 사용한 야간 영상은 수오미 엔피피 위성에 탑재된 VIIRSVisible Infrared Imaging Radiometer Suite 카메라로 촬영한 것이다. 이 카메라는 빛을 촬영하는 모드를 지원하므로 태양이 사라진 밤에도 도시의 조명처럼 인위적인 활동 패턴을 파악할 수 있다.

그림 60 2016년 수오미 엔피피 위성의 VIIRS 센서로 촬영한 전 세계 야간 조명 분포 지도와 한반도를 확대
한 모습(왼쪽 아래)

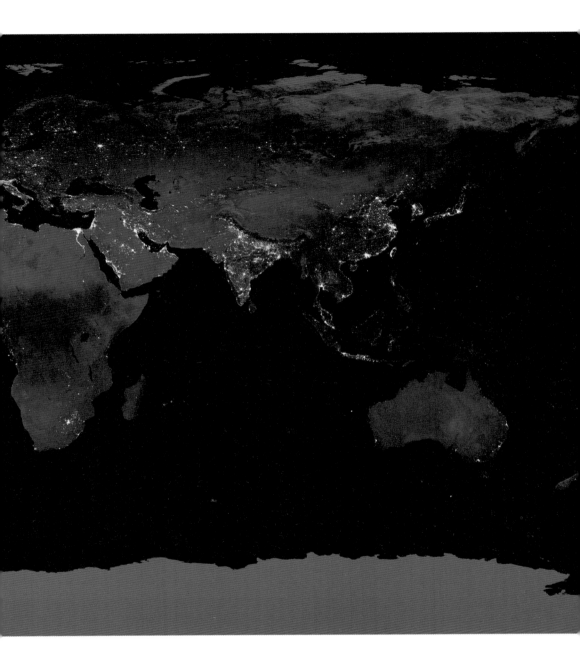

그림 60의 영상은 2016년 구름 없이 맑은 날 밤에 촬영한 전 세계의 영상들을 모아 대기와 지형, 달빛, 지표열의 영향을 보정한 후 조명에 의한 밝기만 나타낸 것이다. 야간 조명은 모든 건물과 가로등, 자동차 등에서 새어나오는 인공 빛을 포함한다. 합법적이거나 불법적인 것에 상관없이 인공 빛을 사용하는 모든 경제활동을 숨김없이 드러내기 때문에, 기준이 서로 다르게 작성된 국가별 보고 자료보다 더 객관적으로 산업화 정도나 경제성장 패턴을 비교, 분석할 수 있다.

사진의 왼쪽 하단은 한반도 지역을 확대한 모습이다. 서울과 부산을 중심으로 전국이 밝게 빛나는 남한과 달리 북한에서 유일하게 빛이 나는 지역은 수도인 평양이다. 두 나라의 극명한 부의 격차만큼이나 야간 불빛의 양도 크게 다르다.

남아메리카 대륙에서 가장 짙고 어둡게 보이는 넓은 지역은 아마존 열대우림이다. 아마존 유역은 기후가 대체로 습해서 자연적인 화재가 발생할 확률이 낮다. 브라질에서 화재는 주로 4~9월에 이르는 건기에 퀘이마다 풍습 때문에 발생하는데, 보통 9월 초에 절정을 이루다가 11월이 되면 그친다. 하지만 2019년에 발생한 화재는 8월 중순에 이미 평년 대비 연간 총 화재 건수를 능가했고, 같은 기간에 비해 77퍼센트나 증가했다. 퀘이마다 기간임을 고려하더라도 인위적인 개입 없이 자연발생적으로 나타난 현상이라고 보기는 어렵다.

또 하나 의미심장한 점은 브라질에서 화재가 발생한 지역이 아마존 유역 안쪽에서 대서양을 향해 뻗은 BR-163과 BR-230 고속도로를 따라 집중적으로 분포한다는 것이다. 이 도로는 아마존 열대우림 깊숙한 곳에서 생산된 농작물과 광물자원을 실어 나르기에 좋기 때문에 이곳을 중심으로 가지를 뻗듯 네모나게 구획된 불법 농지들과 불법 광산들을 곳곳에서 볼 수 있다. 이러한 정황을 감안하면 농지를 개간하기 위해 누군가가 고의적으로 많은 화재를 일으켰다고 합리적으로 의심할 수 있다. 거기에 더해 세계적인 기후변화로 아마존의 건기가 평소보다 일찍 시작되었고, 7~8월엔 고온 현상까지 겹쳐 쉽게 진압할 수 없었기 때문에 화재가 브라질을 넘어 페루와 볼리비아, 파라과이, 아르헨티나까지 크게 확산되었다.

공교롭게도 2019년은 자이르 보우소나루가 브라질의 대통령으로 취임한 해이기도 하다. 보우소나루 정권은 환경보호보다 경제성장이 우선이라며 아마존 일대를 경작지로 개발하는 데 우호적이다. 전문가들에 따르면 미국과 무역 갈등을 겪는 중국이 가축 사료로 쓰는 콩과 옥수수를 미국뿐 아니라 다른 여러 국가에서 수입할 것으로 예상되자 브라질 농부들이 경작지를 늘리려고 아마존 유역에 불을 지르며 개간하고 있다.

그림 59가 보여주듯이 지구 산소의 20퍼센트를 생산하는 아마존 열대림이 걷잡을 수 없이 불타고 있다는 명백한 증거 앞에 전 세계의 이목이 집중되었고, 이는 브라질이라는 한 국가 차원의 문제가 아니라 전 세계가 함께 대응해야 할 이슈가 되었다. 2019년 G7 정상회의에서는 경제성장 우선주의를 주장하는 브라질의 보우소나루 대통령과 프랑스의 에마뉘엘 마크롱 대통령이 거센 정치적 공방을 벌이기도 했다. 어쨌든 이 상황은 브라질 정부가 G7의 지원을 받아들여 4만여 명의 군 병력을 동원해 화재를 진압하며 일단락되었다.

아마존 유역의 불법 방화는 어제 오늘만의 일이 아니다. 아마존 숲은 화전이나 목축, 벌목, 광물 채취 등으로 오래전부터 계속 사라지고 있었다. 그런데 유독 이 아마존 화재가 국제사회의 관심을 끈 이유는 과학자들과 환경단체들이 위성영상과 같이 객관적이고 확실한 과학적 증거를 제시하는 한편 이 사실을 전 세계에 알리려고 꾸준히 노력하고 헌신했기 때문이다.

디저트와 고기반찬에 밀려나는 아마존 우림

브라질과 국경을 맞대고 있는 볼리비아는 아마존강 상류에 위치한 국가이다. 아마존강을 따라 남쪽으로 내려오다 지대가 낮은 곳에 이르면 산타크루즈라는 도시가 있다. 면적이 약 37만 제곱킬로미터로 볼리비아 전체 면적의 3분의 1을 차지한다. 산타크루즈는 볼리비아 전체 인구의 4분의 1이 넘는 270만 명이 살고 있는 경제도시로 세계에서 성장 속도가 가장 빠른 곳 중 하나이다. 1970년 47제곱킬로미터였던 도시 구역의 면적이 30년 만인 2013년에는 무려 14배인 640제곱킬로미터로 늘어났다. 매년 6퍼센트 이상 도시 면적이 증가한 것이다. 2010년 이후부터는 그 속도가 더 빨라져서 무려 17퍼센트씩 커지고 있다.

그림 61은 최초의 민간 지구관측위성이라고 할 수 있는 미국 랜샛 위성이 1986년과 2019년 촬영한 산타크루즈 일대의 모습을 비교한 것이다. 자연색합성된 영상으로 초록색으로 보이는 지역이 산림이다. 랜샛 위성은 1972년 1호 위성을 시작으로 지금까지 8대가 성공적으로 발사되어 운영되면서 50년 가까이 축적된 전 세계 지구관측 데이터를 제공하고 있다.

그림 61 미국의 랜샛 위성이 관측한 볼리비아 산타크루즈 인근 아마존 일대의 변화 모습. 1986년 7월 2일(왼쪽)까지만 해도 구아파이강 동쪽은 사람이 접근하기 어려운 정글이었으나 2019년 7월 29일(오른쪽)에 촬영된 영상을 보면 대규모 농업단지로 개간되어 있다.

© NASA

　　그림 61의 왼쪽 영상에서 보는 바와 같이 1980년대까지만 해도 산타크루즈 동쪽 구아파이강 건너편은 사람이 접근하기 어려운 정글이었다. 하지만 이 지역은 아마존의 저지대에 위치하면서 강수량이 충분해 농사짓기에 유리했다. 이러한 지리적 이점을 눈여겨 본 볼리비아 정부가 1980년대부터 본격적으로 경제성장 정책을 시행하면서 사람들을 대규모로 이주시켜 경작지를 개간하기 시작했다. 오른쪽 영상은 정글이었던 곳에 정형화된 패턴으로 쪼개진 개발지가 엄청하게 늘어났음을 보여준다.

　　볼리비아는 광물자원이 풍부해 19세기부터 전 세계에서 주석을 가장 많이 생산했고 1980년대 초반까지도 그 명성을 유지했다. 하지만 광산이 고지대의 지하에 있어 접근하기 어려운데다 노동집약적이라는 문제가 있었다. 또한 노사 갈등이 끊이지 않았고, 주석을 정제하는 데 필요한 정밀 기술도 부족했다. 엎친 데 덮친 격으로 국제시장에서 주석에 대한 수요까지 감소하자 1980년대 후반 볼리비아의 주석 산업은 급격히 쇠퇴했다. 한편 당시는 우루과이라운드가 타결되면서 세계 무역 시장에서 농업 부문에 대한 보호 조치가 완화되는 분위기였다. 이에 볼리비아 정부는 국가경제를 재건하는 주요 산업으로 농업을 양성하기 시작했다.

볼리비아의 주요 농업은 내수를 위한 감자와 쌀, 옥수수, 밀 재배가 약 25퍼센트를 차지하고 나머지는 수출을 위한 사탕수수와 대두, 커피 재배가 주를 이룬다. 해가 갈수록 수출용 상업 작물의 비율이 증가하는 추세이다. 그중에서도 가장 많이 생산되는 사탕수수는 대부분 산타크루즈 인근 지역에서 생산되는데, 약 3만 명이 사탕수수 재배에 종사하고 있을 정도로 많은 노동력이 투입되는 작물이다. 볼리비아의 대표적인 환금 작물로 두 번째로 많이 생산되는 대두는 30퍼센트 정도가 내수용 돼지 사료로 사용되고 나머지는 서유럽과 페루, 브라질로 수출된다.

그림 62는 유럽 지구관측위성 센티넬 2호가 2017년 9월 30일 촬영한 산타크루즈 일대의 모습이다. 근적외선 밴드를 이용해 색합성된 영상으로 붉은색은 식물이 자라고 있음을 나타내는데, 가운데 파란색을 띤 구아파이강 서쪽은 주로 사탕수수가 재배되는 지역이다. 그와 대조적으로 구아파이강 동쪽으로 구획된 토지들은 이미 수확이 끝나 식생의 특성이 나타나지 않는다. 이곳에서는 주로 콩을 재배한다.

그림 왼쪽에 회색으로 보이는 산타크루즈 도시 구역이 면적 640제

산타크루즈
A
B

A B

그림 62 **2017년 9월 30일 센티넬 2호 위성이 촬영한 볼리비아의 산타크루즈 일대**

곱킬로미터에 270만 명의 인구를 수용하는 주생활권인 점을 감안하면 이 일대에서 사탕수수와 대두를 재배하기 위해 사용되는 경작지가 얼마나 넓은지를 알 수 있다.

그림 상단의 A 지역을 확대하면 정사각형 틀 안에 방사 형태로 뻗어 가며 경작을 한 독특한 패턴이 보인다. 이는 대규모 경지 구획으로 농경지가 조성될 때 밀려난 일부 주민들이 나름의 방식으로 토지를 개간하고 마을을 이루며 살던 모습을 보여준다. 먼저 가운데에 살 집과 축구장 등 편의시설을 조성하고 효율적으로 농수를 사용하기 위해 방사형으로 퍼지게 경지를 구획했다. 그림 하단의 B에서 볼 수 있는 원형 경작지는 대형 스프링클러를 이용한 관개농업이 도입되었다는 사실을 보여준다. 세계에서 가장 큰 강이라는 아마존강 유역에서조차 스프링클러를 이용해야 할 만큼 물 사정이 나빠졌다는 의미다.

2000년대 들어서면서 이 일대 사탕수수와 대두의 생산량은 두 배로 증가했고, 수출로 인한 수입도 늘어났다. 덕분에 경제성장이 가속화되면서 산타크루즈 인근에는 인구 45만 명 규모의 신도시가 개발되고 있다. 이 신도시는 남아메리카 최초의 친환경 스마트시티로 건설되고 있는데, 우리나라가 주도적으로 참여하고 있다고 하니 기분 좋은 얘기가 아닐 수 없다. 하지만 전 세계의 사탕수수 수요가 증가한다는 것은 설탕 소비가 그만큼 증가했다는 의미이다. 또한 볼리비아가 수출하는 대두 중 상당량이 가축 사료로 사용된다는 점을 생각하면 달콤한 디저트와 고기반찬이 매일 우리 식탁에 오르는 동안 드넓고 울창한 아마존 밀림이 사라지고 있었다는 불편한 진실을 마주하게 된다.

함께 지켜요, 글로벌 포레스트 워치

아마존강의 산림이 만드는 산소 못지않게 중요한 것이 있다. 아마존 유역에 묻혀 있는 어마어마한 양의 토탄이다. 토탄은 탄소가 배출되지 못하도록 잡아두는 역할을 하기 때문에 온실가스의 주요 흡수원으로서 매우 중요하다. 국제자연보전연맹IUCN에 따르면 전 세계에 존재하는 토탄층은 남한 면적의 30배쯤 되는 약 300만 제곱킬로미터의 면적에 흩어져 있고, 매년 3억 7,000만 톤의 이산화탄소 배출을 막는 효과를 발휘한다. 지구 상의 모든 식생을 합해도 이 정도로 탄소 배출을 막아주는 곳은 없을 정도다.

아마존에는 지구 전체 토탄의 3분의 1에 해당하는 100만 제곱킬로미터의 토탄층이 있다. 아마존 열대림의 울창한 나무들은 산소를 만들어내고 토탄이 묻힌 땅은 탄소를 가두고 있으니 지구온난화를 방지하는 데 두 배의 역할을 하고 있는 것이다.

문제는 기후변화 때문에 건조하고 높은 온도가 계속되면 토탄이 자연 상태에서 발화할 수 있다는 데 있다. 번개나 산불 때문에 토탄층에 불이 붙으면 탄소 저장고에 불이 붙는 격이다. 무분별한 화전과 목축, 벌목, 광산 개발이 계속되면, 탄소 저장고로서 지대한 역할을 하던 아마존 일대가 정반대로 세계 어느 곳보다 많은 탄소 산화물을 배출하는 구심점으로 바뀔 수 있다는 위험이 도사리고 있다.

전통적으로 이 지역 원주민들은 숲의 가치를 알아보고 나무를 함부로 베거나 훼손하지 않고 지속가능하게 이용할 줄 알았다. 지금도 아마존 숲을 지키기 위해 애쓰는 이들은 국가가 아니라 원주민들과 지역공동체들이다. 예전부터 원주민 거주 지역은 산림의 상태가 좋아서 탄소를 흡수하는 기능이 뛰어나고, 멸종 위기에 처한 동식물들의 서식처로서도 가치가 높아 야생동물보호지역으로 지정되는 경우가 많았다.

예를 들어 에콰도르의 시오나 부족이 사는 아마존 북동부는 1979년 쿠야베노 야생동물보호구역으로 지정되었다. 이곳은 아마존강에 서식하는 돌고래와 바다소, 자이언트 아나콘다를 비롯해서 10여 종의 원숭이들과 580종이 넘는 새들의 보금자리이다. 시오나 부족은 보호구역이 지정되기 훨씬 이전부터 이곳에서 자연과 더불어 조화롭게 살았고, 지금도 천혜의 자연환경을 보호하면서도 경제활동을 할 수 있는 방법으로 생태관광을 도입하고 있다. 자신들의 전통을 유지하면서 이곳을 찾는 사람들에게 배를 태워주고 음식을 제공하고 가이드를 해준다.

문제는 관광 수요가 많아지고 외지 사람들이 들어오면서 개발 압력이 높아진다는 데 있다. 강력한 제재가 필요하지만 정부의 대응은 지지부진하고, 관리가 소홀한 틈을 타서 벌목꾼과 밀렵꾼들이 들어와 산림을 훼손하고 생태계를 교란시킨다. 지역 환경보호단체와 함께 시오나 공동체는 불법으로 산림을 훼손하는 현장을 감시하고 대응하는 일에 글로벌 포레스트 워치Global Forest Watch에서 제공하는 모바일 앱의 도

그림 63 **아마존강 유역의 아마존 숲**

움을 받고 있다.

글로벌 포레스트 워치는 전 세계 산림을 모니터링할 수 있는 다양한 데이터와 툴을 제공하는 오픈 플랫폼이다. 누구나 언제 어디서든 플랫폼에 접속해서 최신 위성영상을 통해 산림의 변화를 확인하고 관련 정보들을 얻고, 알림 서비스도 신청할 수 있다. 아마존 어딘가에서 불법 화전이 만들어지거나 금 채굴 활동이 벌어지고 있다면 지역공동체와 환경단체들이 알림을 받고 즉시 현장을 확인해서 필요한 조처를 취할 수 있다. 산림 관리를 담당하는 공무원은 플랫폼에 올라온 정보들을 참고하여 관련 정책을 수립할 수도 있다. 그 밖에도 다양한 연구 그룹이나 언론을 포함하여 수천 명의 사람들이 글로벌 포레스트 워치 플랫폼을 이용한다.

아마존 산림을 지키기 위해 원주민들과 지역공동체는 자신들의 토지소유권을 법적으로 인정해달라고 요구하고 있다. 그래야 외부로부터의 개발 압력을 차단하고 산림을 지속가능하게 관리할 수 있기 때문이다. 연구 결과도 이를 증명한다. 세계자원연구소World Resources Institute는 2013~2018년에 브라질과 페루에서 발생한 전체 산림 감소 면적을 분석한 결과 원주민 공동체가 관리하는 산림이 가장 적게 감소했다는 사실을 밝혀냈다. 그중에서도 원주민 지역공동체의 토지소유권이 합법적으로 인정받은 경우에는 그렇지 않은 경우보다 산림 손실이 1.6배나 적었다.

이처럼 숲 지킴이로서 원주민 공동체의 역할이 확인되고 있음에도 불구하고 이들의 토지 소유 및 사용권은 법적으로 제대로 보장되지 않고 있다. 아마존뿐만 아니라 전 세계 산림의 절반 정도가 원주민들과 지역공동체의 소유임에도 불구하고 겨우 10퍼센트 남짓 정도만이 합법화되

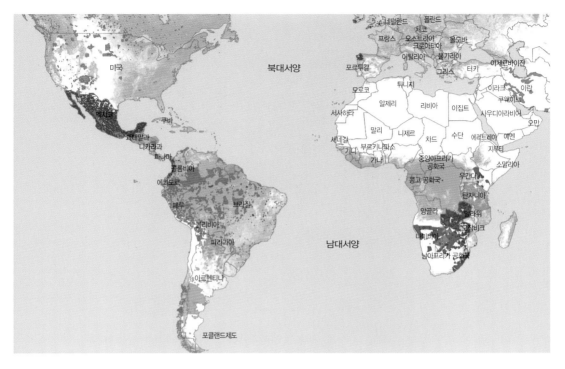

그림 64 글로벌 포레스트 워치에서 제공하는 전 세계 산림 소유 현황. 진한 갈색은 원주민 소유가 합법적으로 인정된 곳이고 진한 파란색은 지역공동체 소유가 인정되는 곳이다.

어 있다.

　이러한 문제를 이슈화하고 해결하기 위해 글로벌 포레스트 워치는 원주민과 지역공동체의 토지 소유 현황을 담은 그림 64의 지도를 제작하고 지속적으로 업데이트하고 있다. 지도에서 초록색으로 나타나는 산림 위에 갈색으로 표시된 지역이 원주민이 소유한 땅이다. 그중 진한 갈색은 합법적으로 인정된 곳이고, 연한 갈색은 인정되지 않은 곳이다. 파란색은 지역공동체가 소유한 땅으로, 진한 파란색은 합법적으로 인정된

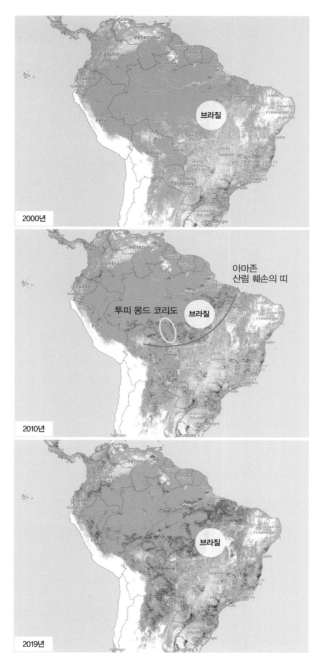

그림 65 **지난 20여 년간 아마존 일대 산림이 훼손된 모습**

곳이고 연한 파란색은 인정되지 않은 곳이다. 회색으로 표기된 지역은 원주민이나 지역공동체가 관할하는 구역이다.

아마존 유역 남단은 특히 산림 파괴가 심각한 곳이다. 지난 20년간 브라질 전체에서 사라진 산림의 대부분이 이곳에서 없어졌다고 해도 과언이 아닌데 특히 2016년부터 감소세가 뚜렷해졌다. 2001년에서 2018년 사이 브라질에서 감소한 산림의 면적은 54만 제곱킬로미터에 이르는데, 이는 전체 산림 면적의 10퍼센트를 웃돈다.

그림 65를 보면 '아마존 산림 훼손의 띠'라고 알려진 지역 중간에 유일하게 초록색으로 남아 있는 곳이 있다. 투피 몽드 코리도^{Tupi-Mondé Corridor}라고 불리는 이 지역의 면적은 3만 5,000제곱킬로미터로 남한 면적의 3분의 1 정도다. 이곳에는 친타 라르가, 조로, 페이터수루이, 아라라, 가비오 부족 등 6,000여 명의 원주민들이 모여 살고 있으며, 자신들의 보금자리를 지키기 위해 지금도 고군분투하고 있다. 참고로 '투피'는 브라질에서 가장 큰 원주민 부족의 이름이고, '몽드'와 '코리도'는 포르투갈어로 각각 세계와 통로라는 뜻이다.

이들이 강력한 공권력에 대항해 싸울 수 있는 힘은 투명한 정보와 객관적인 근거에 있다. 인공위성이 촬영한 산림 훼손 현장의 모습은 가장 강력한 증거가 된다. 이곳 원주민 공동체의 싸움을 지원하는 아마존 보호와 지속가능발전 연구소^{The Institute of Conservation and Sustainable Development of the Amazon, IDESAM}는 원주민들의 증언을 모으고 위성영상을 분석하여 어느 지역에서 얼마나 많은 산림이 훼손되고 있는지를 조사하고, 구체적인 사례와 객관적인 증거를 제시하며 정부 관계자들과 언론들을 압박하고 있다.

아마존뿐만 아니라 세계 곳곳에서 산림 훼손과 환경 파괴를 막기 위해 애쓰는 사람들이 많다. 그저 감사할 따름이라고 적당히 모른척하고 지나치기에는 너무나 명백하게 산림이 훼손되는 현장을 목격했다. 동시대를 살아가는 사람으로서 뭐라도 해야 하지 않을까?

현장에서 직접 발로 뛰지는 못한다 할지라도 아마존 숲을 비롯해 보존 가치가 높은 산림을 파괴하도록 부추기는 기업을 감시하고 이 회사들의 물건을 사지 않는 것도 좋은 방법이다. 커피 한 잔을 마실 때마다 버려지는 종이컵 대신 머그잔이나 텀블러를 이용하는 등, 편리하다는 이유로 소비해온 많은 일회용품을 차츰 줄여나가면 크게 도움이 된다. 식단에서 고기반찬을 조금 줄이고 가까운 거리는 운동 삼아 걸으면 건강에도 좋다. '나 하나쯤이야'가 아니라 '나부터'가 세상을 바꿀 수 있다.

9장

그 많던 빙하는 어디로 갔을까

설 곳 없는 북극곰

　북극은 지구에서 가장 추운 곳 중 하나다. 하지만 아무리 춥다고 해도 여기에 적응하며 살아가는 동물들이 있게 마련이다. 레밍이라고 하는 나그네쥐나 북미산 순록인 카리부, 사향소, 북극토끼 같은 초식동물과 이들을 포식하는 흰올빼미, 북극여우, 북극늑대, 북극곰 등이 북극에 산다. 그중에서 먹이사슬의 최상위에 있는 북극곰은 신선하고 지방이 많은 고기를 좋아하는데, 바다표범과 바다코끼리, 벨루가가 주요 먹이이다. 두꺼운 얼음으로 뒤덮인 바다 위를 어슬렁거리며 돌아다니다가, 바다표범이 숨 쉬러 얼음에 구멍이 뚫린 곳으로 올라오거나 휴식을 취하고 있는 순간에 달려들어 사냥을 한다. 후각이 발달하여 3킬로미터 떨어진 곳에서도 사냥감을 알아차릴 수 있는데, 덩치가 큰 만큼 식사량도 많다. 다 자란 곰의 위는 약 70킬로그램의 먹이를 소화할 수 있을 정도로 크다고 한다.

　몇 년 전부터 언론에는 굶주려서 비쩍 마른 북극곰 사진이 가끔 보도된다. 물 위에 떠 있는 조각 얼음 위에 곧 쓰러지기라도 할 것처럼 아슬아슬하게 서 있는 야윈 북극곰의 모습은 이들이 놓인 상황이 얼마나 참담한지를 보여준다.

　지구온난화가 계속되어 해빙이 사라지면서 북극곰은 주요 활동 무대를 잃어버렸다. 먹이를 구하려면 직접 바다에 들어가 수영하면서 먹잇감을 사냥해야 하니 에너지 소모는 많아지고 식사량은 줄었을 터다. 가족을 건사하기는커녕 자기 몸 하나 추스르기도 버겁게 되어버린 것이다. 최근에는 북극곰들이 먹이를 찾아 러시아나 캐나다 인근 섬마을이나 내

그림 66 **기후온난화로 북극의 해빙이 녹으면 북극곰은 생활터전을 잃고 먹이사냥도 어려워져 생존이 위협**
받는다.

륙까지 내려오는 일도 점점 잦아지고 있다고 한다. 사람이 사는 마을에
서 쓰레기통을 뒤지고 있는 북극곰이라니!

지난 40여 년 동안 나타난 기후온난화의 가장 뚜렷한 증거는 북극 해
빙이 줄어드는 현상이다. 기후변화에 관한 정부 간 협의체[IPCC]에 따르면
1979~2018년 동안 10년마다 약 12퍼센트의 해빙이 줄어들었다. 면적
만 줄어든 것이 아니라 해빙이 얇아지면서 얼음의 수명도 짧아져 5년 이
상 된 얼음층의 비율이 90퍼센트 가까이 줄어들었다.

북극의 해빙은 매년 가을과 겨울철에 넓어지고 두꺼워졌다가 봄과
여름 동안 작아지고 얇아진다. 그런데 최근에는 계절에 관계없이 해빙

의 면적이 빠르게 줄어들고 있다. 특히 여름 막바지에 해빙의 크기가 가장 작아졌을 때의 연간 최소 면적이 해를 거듭하면서 감소하고 있다. 2019년에 조사된 늦여름 북극 해빙의 면적은 역사상 가장 작았다.

그림 67은 나사와 미국 콜로라도대학교 국립빙설자료센터[NSIDC]가 국방기상위성 프로그램의 마이크로웨이브 센서에서 얻은 위성영상 자료를 바탕으로 측정한 북극 해빙의 모습이다. 붉은 선으로 표시한 지역은 1981년부터 2010년까지 30년간 연중 최소 해빙의 크기를 평균하여 나타낸 것이다. 2019년 9월 18일 북극 해빙의 면적은 415만 제곱킬로미터로 1970년대 후반에 인공위성으로 관측하기 시작한 이래 두 번째로 작

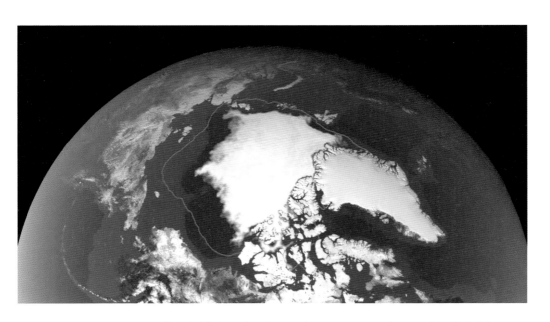

그림 67 2019년 9월 18일 관측된 북극의 해빙 분포 면적(위성영상)이 1981년부터 2000년까지 관측된 연간 최소 해빙 면적의 평균(빨간 선)보다 훨씬 작다.

은 기록을 경신했다. 가장 작은 면적을 기록한 2012년은 강력한 8월 태풍이 해빙 표면을 강타하여 해빙 면적의 감소를 가속화한 반면 2019년엔 북극 지역에 특별한 기상이변이 없었다는 점에 주목할 필요가 있다. 즉, 해빙의 면적이 줄어든 원인이 지구온난화에 있다는 뜻이다.

생태계의 먹이사슬은 말 그대로 사슬처럼 서로 연결되어 있다. 북극이 따뜻해지면 추운 바다에 살던 물고기들은 좀 더 깊고 차가운 곳으로 이동하고, 이 물고기들을 잡아먹는 바다표범들도 덩달아 더 멀리 이동해야 한다. 당연히 바다표범은 체력이 떨어지고 건강도 나빠진다. 이동이나 번식에 필요한 해빙이 사라지면 바다표범이나 북극곰들은 새로운 서식지를 찾아야 하는데, 여기서 다른 종의 포유류들과 접촉하면서 새로운 질병이나 감염병이 발생할 위험도 높아진다. 그 장소에 살지 않던 새로운 생물 종이 나타난다는 것은 눈에 보이지 않는 바이러스의 세계에서는 큰 변화를 의미하기 때문이다.

실제로 북극 해빙이 줄면서 '물개 전염성 급성 염증 바이러스Phocine Distemper Virus, PDV'가 북태평양과 북대서양에 퍼지고 있다는 사실이 확인되었다. 이 바이러스는 전염성이 아주 강하고 치명적이어서 1988년과 2002년 북대서양의 바다표범들이 집단 폐사하는 원인이었다. 북극의 기후변화가 계속 심해지면 신종 바이러스가 퍼질 기회가 더 많아진다. 이는 해빙에 의존해 생활하는 동물들의 멸종을 가속화할 뿐만 아니라 이 동물들에 의존해 살아가는 북극 지방 주민들의 생계에도 영향을 미친다.

그린란드는 전체 면적의 80퍼센트 이상이 얼음으로 뒤덮여 있다. '그린란드' 하면 혹한의 날씨에 얼음 위를 달리는 썰매개가 떠오르지만, 최근에는 온난화 탓에 이곳 주민들의 생활도 빠르게 바뀌고 있다. 날씨가

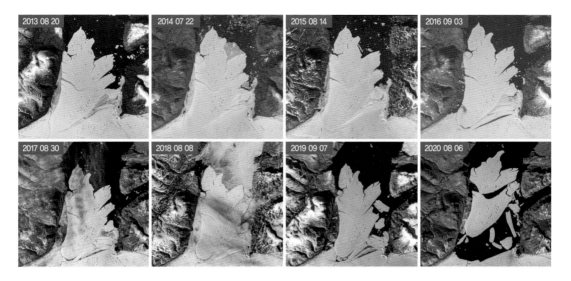

그림 68　센티넬 2호 위성에서 촬영한 그린란드 인근 스팔트 빙하가 붕괴하는 모습. 지난 몇 년간 갈라지는 현상이 목격되다가 2020년 8월 27일 완전히 붕괴했다.

따뜻해져서 썰매를 타고 사냥할 수 있는 날이 부쩍 줄었고, 빙하가 녹아내린 물로 텃밭에서 채소를 재배하기도 한다.

그림 68은 유럽의 지구관측위성 센티넬 2호가 스팔트 빙하가 변화하는 모습을 촬영한 것이다. 스팔트 빙하는 그린란드 북동쪽 크라운 프린스 크리스티안랜드와 인접한 바다에 떠 있는 가장 큰 얼음덩어리이다. 지난 몇 년간 갈라지는 현상이 목격되다가 2020년 8월 27일에 완전히 붕괴하고 말았다.

최근 그린란드에서는 여름철 기온이 높아지고 얼음이 녹으면서 습해진 날씨 때문에 모기의 개체 수가 갑자기 많아졌다. 모기가 극성을 부려 주민들의 불편이 커졌을 뿐만 아니라 더 큰 문제가 생겼다. 바로 카리부다.

그린란드의 카리부는 겨울을 해안가에서 나고 봄이 되면 내륙으로 이동해 막 자라나기 시작한 영양가 높은 어린 풀을 먹으며 자란다. 하지만 지구온난화로 내륙 식물의 발아 시점이 빨라져 내륙에 도착한 카리부가 먹고 소화하기에는 이미 너무 단단하고 영양가도 떨어져 있다. 카리부는 계절의 변화를 기온이 아니라 일광에 의존해서 감지하도록 진화해왔는데 최근 급격한 기온 상승에 따른 식물의 계절 변화에는 적응하지 못하고 있는 것이다. 특히 어린 카리부는 영양부족 상태에서 모기의 습격까지 받으면서 개체 수가 급격히 줄고 있다.

북극모기는 카리부의 피를 즐겨 먹기 때문에 모기의 개체 수가 증가하면 가장 먼저 카리부의 생존이 위협받는다. 카리부는 모기를 피해 더 추운 지역으로 이동할 것이고, 개체 수가 급증한 모기떼 중 일부는 추운 환경에서도 살아남아 서식지를 더 북쪽으로 확장하면서 계속해서 카리부의 생존을 위협할 것이다. 이는 사냥을 주업으로 하는 그린란드 주민들의 생계와도 직접적으로 연결된다.

모기 정도야 별 문제 아니라고 대수롭지 않게 넘길 수도 있겠지만, 말라리아나 뎅기열을 일으키는 원인이 모기라는 점을 잊지 말자. 모기떼가 늘면 그 모기를 먹는 새와 벌레의 개체 수도 증가한다. 이런 식으로 먹이사슬에 연쇄반응이 일어나면 전체 생태계는 우리가 상상하는 그 이상으로 큰 타격을 입을 수 있다.

사라지는 황제펭귄

해빙이 사라지는 현상은 북극에서만 일어날까? 물론 아니다.

2020년 2월 6일 남극대륙의 최고기온이 섭씨 영상 18.3도를 기록했다. 기온을 측정한 곳은 남극반도에 위치한 아르헨티나의 에스페란차 연구 기지로, 지구 상에서 온난화가 가장 빨리 진행되는 곳이다. 남반구의 2월이 한여름이라는 사실을 감안하더라도 분명 심상치 않은 일이다. 더 큰 문제는 이러한 현상이 연구 기지가 있는 곳만의 문제가 아니라는 것이다. 남극대륙 전체의 평균 기온 또한 과거 50년 전에 비해 섭씨 3도 정도 올랐다. 그 결과 특히 서해안을 따라 빙붕의 90퍼센트 정도가 줄었다. 빙붕冰棚이란 남극대륙을 뒤덮은 얼음이 빙하를 타고 흘러 내려와 바다 위로 퍼지며 평평하게 얼어붙은 것을 말한다. 남극대륙은 해안선의 약 45퍼센트가 빙붕으로 덮여 있는데, 서해안 빙붕의 90퍼센트가 줄었다는 것은 남극 빙붕의 절반 가까이가 줄었다는 뜻이다.

그렇다면 빙붕은 어떻게 사라질까? 여름철 기온이 높아져 눈이나 얼음이 녹을 정도가 되면, 녹은 물이 빙상 표면에 웅덩이를 만들고 지대가 낮은 곳으로 흘러든다. 흘러든 물은 겨울이 되면 얼면서 부피가 늘어나는데, 그 얼음이 팽창하면서 주변으로 힘을 가하면 빙상이 갈라진다. 그러다가 여름이 되면 그 갈라진 틈으로 다시 물이 흘러든다. 이런 과정이 해를 거듭하여 되풀이되고 약해진 빙상에 파도가 계속해서 부딪치면 마치 쐐기를 박아 나무를 쪼개는 것처럼 어느 순간 붕괴한다. 2008년 2월에 남극의 윌킨스 빙붕이 그렇게 붕괴했다.

남아메리카에서 약 1,600킬로미터 떨어진 윌킨스 빙붕은 남극 반도

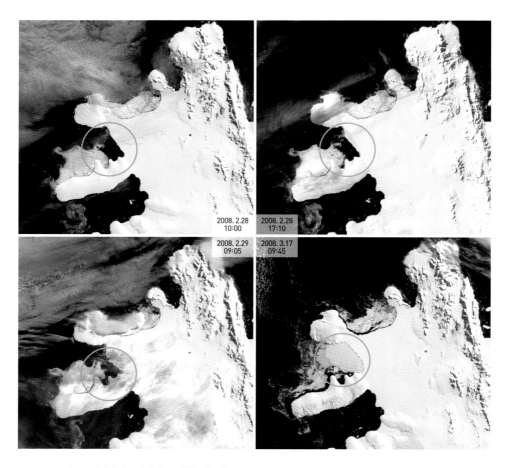

그림 69 테라와 아쿠아 위성이 관측한 남극 윌킨스 빙붕의 붕괴 모습

남서쪽에 있는 거대한 영구 얼음판이다. 그림 69는 2008년 2월 28일부터 3월 17일까지 테라와 아쿠아 위성의 모디스 센서가 윌킨스 빙붕이 붕괴하는 모습을 촬영한 사진이다. 2월 28일 오전 10시까지만 해도 특별한 조짐이 보이지 않았는데, 오후 5시 10분에는 파랗게 분리된 모습이

그림 70 윌킨스 빙붕이 무너져 내린 바다를 대만의 포모샛 2호 위성에서 촬영했다. 공간해상도가 높아 빙산들이 부서져 바다 위에 떠 있는 모습을 상세히 관찰할 수 있다. 커다란 빙산들 사이로 마치 슬러시를 쏟아놓은 것 같은 바다가 얇은 해빙을 이루고 있다.

드러나기 시작했다. 그리고 그다음 날 오전에는 붕괴한 면적이 약 570제곱킬로미터로 늘어났다. 대략 서울시 크기의 커다란 얼음덩어리가 갈라져 무너진 것이다. 3월 17일에 촬영한 영상에서는 조각난 빙산과 차가운 물이 엉켜 있는 모습을 볼 수 있다. 마치 슬러시를 쏟아놓은 것처럼 보이는데, 차가운 빙산들이 바닷물의 온도를 급격히 떨어뜨려 얇은 해빙을 형성한 것이다.

그림 70은 타이완의 포모샛^{Formosat} 2호 위성이 2008년 3월 8일 촬영한 월킨스 빙붕이다. 바다의 빙산들이 떨어져 부서진 모습을 2미터의 높은 공간해상도로 촬영한 것이다. 빙산들이 분필 조각처럼 작게 느껴지지만 실제 길이는 수백 미터에 이른다. 특히 덩치가 크고 매끄러우면서 밝은 색을 띤 빙산들은 빙붕에서 분리되어 나온 것으로, 넓고 납작한 모양 덕분에 파도가 일렁이는데도 불구하고 바다에 안정적으로 떠 있다. 반면 표면이 거칠고 작은 일부 빙산들은 도미노 효과에 의해 밀려나면서 뒤집혀 옆 부분이나 아랫부분을 드러내고 있다. 색도 다소 푸른빛이 도는데, 얼음들이 물을 머금고 있기 때문이다.

사실 1990년대 이후부터 월킨스 빙붕의 얼음덩어리들이 바다로 굴러 떨어지고 부서지는 모습이 자주 관찰되었다. 기후변화로 바닷물의 온도가 높아지면 빙붕의 아래쪽은 녹아내려 얼음층이 얇아지고 연약해지는 반면 위쪽에는 계속 눈이 쌓이므로 붕괴할 위험이 높아진다. 지금도 이미 남극의 많은 빙붕을 얇은 얼음층이 떠받치고 있는 상태이므로 기후변화가 계속된다면 조만간 다 사라질지도 모른다.

빙붕만이 아니라 남극을 대표하는 펭귄도 모두 사라질 수 있다. 빙붕에서 떨어져 나온 크고 작은 빙산들이 남극해 주변을 뒤덮으면서 펭귄이나 물개들의 생존을 위협하기 때문이다. 바다에 들어가 물고기를 사냥해서 먹고 사는 펭귄들에게는 빙산과 얼음 조각들이 바닷길을 막는 장애물이 된다. 특히 남극의 겨울에 둥지도 없이 섭씨 영하 40~60도의 얼음 위에서 알을 낳고 새끼를 키우도록 진화해온 황제펭귄은 해빙이 급격히 줄어들면서 위기를 맞고 있다. 2018년에는 남극에서 두 번째로 큰 황제펭귄 집단이 사실상 사라졌다는 연구 결과가 발표되었다.

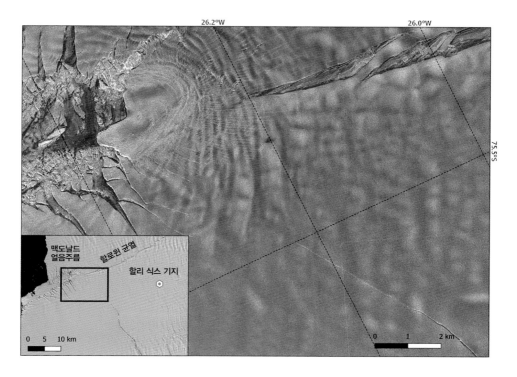

26.2°W   26.0°W

75.5°S

맥도날드
얼음주름   할로윈 균열

할리 식스 기지

0 5 10 km

0   1   2 km

그림 71 남극대륙의 서쪽에 위치한 브룬트 빙붕에서도 균열이 관측되고 있다. 2019년 독일의 테라사 엑스 위성에서 촬영한 영상에서 균열을 확인할 수 있는데, 영국남극조사대에 따르면 이 균열은 해마다 1~2킬로미터씩 커지고 있다.

© DLR

그림 71은 독일의 테라사 엑스^{TerraSAR-X} 위성이 남극대륙 서쪽의 브룬트 빙붕에 생긴 균열을 촬영한 모습이다. 영국남극조사대^{British Antartic Survey}의 조사에 따르면 이 균열은 연간 1~2킬로미터씩 커지고 있어 조만간 서울 면적의 약 세 배에 해당하는 1,500제곱킬로미터의 빙상이 분리되어 대서양 쪽으로 떠내려갈 것이라고 한다. 분리되는 원인이 기후변화인지 자연발생적인 현상인지에 관해서는 학자들 사이에서 논란이 되고 있다. 어

쨌든 실제로 빙상이 분리된다면 지난 100년 사이에 일어난 분리 가운데 최대 규모가 될 것이라고 한다.

빙붕이 떨어져 나가 녹으면 해수면이 상승한다. 2019년 《네이처》에 소개된 국제 공동 연구 팀의 논문에 따르면, 전 지구 해수면 상승의 25~30퍼센트는 빙하가 녹아서 발생한다. 1961년부터 2016년까지 55년간 전 세계에서 9조 6,250억 톤(연간 1,350억 톤)의 빙하가 녹아 세계 해수면이 평균 2.7센티미터 상승했는데, 최근 30년 동안에 녹은 빙하는 연간 3,350억 톤 수준으로 더 많아져서 해마다 1밀리미터씩 해수면이 높아지고 있다고 한다. 이러한 속도로 빙하가 녹으면 히말라야 같은 주요 산악지역에서는 21세기 내에 거의 모든 빙하가 사라질지도 모른다.

얼어붙은 과거에서 온 바이러스

지구온난화는 시베리아와 캐나다, 알래스카 등 북극해 주변에서 빙하가 녹아 발생하는 홍수가 잦아진다는 사실에서도 알 수 있다. 갑작스레 불어난 물이 일으키는 피해도 문제지만 더 큰 위협은 빙하가 녹으면서 그 속에 묻혀 있던 바이러스들이 퍼질 수 있다는 점이다.

실제로 2016년에 러시아의 시베리아 중북부 야말로네네츠 자치구에서 탄저병으로 순록 2,300마리가 떼죽음을 당하고 12살의 어린 목동이 숨지는 한편 8명이 감염되는 사건이 발생했다. 전문가들에 따르면 원인은 이례적인 고온 현상이었다. 섭씨 영상 35도를 넘는 이상 고온이 한 달

그림 72 **시베리아 툰드라 지대의 순록들**

© Philip Burgess ICR

여간 지속되자 영구동토층이 녹으면서 오래전 탄저균에 감염된 동물들의 사체가 드러났고, 이 때문에 병이 퍼졌다는 것이다. 탄저균은 극심한 온도 차에도 내성이 강하고 땅속에서 100년 이상 살 수 있다. 전염성이 강해 생물학적 무기로 사용할 수 있을 만큼 위험하다.

당시의 탄저병 사태는 기후변화 외에도 병이 널리 퍼질 수 있는 환경이 만들어져 있었기 때문에 더욱 악화되었다. 무엇보다 가축화된 순록의 개체 수가 지나치게 많았다는 것이 문제였다. 사건이 일어난 야말 반도의 방목지는 10만~15만 마리를 키우기에 적당하지만 당시에는 70만 마리의 순록이 사육되고 있었다.

순록은 발굽으로 땅을 자주 차는 습성이 있어 토지의 표층을 쉽게 파괴한다. 순록의 밀도가 높다 보니 지표의 식생층이 파괴되고 영구동토층이 황폐해지면서 토양 속에 잠복해 있던 질병들이 퍼지기 쉬운 환경이 만들어진 것이다. 이렇게 위험성이 커진 환경에서 순록이 풀을 뜯으면서 병균에 감염된 흙을 함께 먹어 일차로 감염이 되었고, 이후 순록의 피와 고기를 먹는 육식동물과 사람에게 병균이 옮아가면서 전염된 것이다.

야말 반도에서 사육되는 순록의 개체 수가 많아진 이유는 인간의 욕심 때문이다. 이 지역에서 생산되는 순록의 고기는 연간 2.5톤 정도였는데, 이를 4,000톤까지 늘리겠다며 무리한 욕심을 부린 것이 화근이었다.

그럼 러시아의 보건 당국은 탄저균으로 죽은 순록들을 어떻게 처리했을까? 모두 불에 태웠다. 탄저균의 포자를 박멸하려면 사체를 자동차 타이어, 특수 혼합물과 석유 제품을 써서 오랫동안 태워야 한다. 그 과정에서 이번에는 어마어마한 대기오염 물질이 발생했다. 대규모 환경재난이라고 하지 않을 수 없다.

예전에는 순록이 죽으면 그냥 땅에 묻었다. 영구동토층이 병균이 확산하지 못하도록 막아줄 수 있었기 때문이다. 현재의 러시아를 포함한 구소련의 영토에는 300여 개의 탄저병 관련 매장지가 있다. 하지만 구소련이 해체되면서 마을이 사라지거나 이름이 바뀌면서 현재 정확한 위치를 알 수 없는 곳이 많다. 게다가 매장지 대부분이 자동차로 쉽게 갈 수 없는 곳이기 때문에 관리가 허술할 확률이 크다. 이는 매장지에 얼어붙어 있던 바이러스가 언제라도 지구온난화의 영향으로 되살아나 확산될 위험이 도사리고 있다는 의미다. 실제로 통계를 보면 러시아에서 2009년에서 2014년까지 6년간 발생한 탄저병 사례는 40건으로 그 이전의 5년 동안 발생한 건수보다 43퍼센트나 늘었다.

학자들은 급속한 지구온난화를 막지 못하면 탄저병 외에도 천연두나 흑사병처럼 지구상에서 사라졌다고 생각한 질병들이 다시 나타날 수 있고, 우리가 모르고 있던 새로운 병균이 꽁꽁 얼어붙은 매머드 매장지에서 출현할 수도 있다고 경고한다.

설마 그런 일이 일어날까 싶기도 하겠지만, 2020년 9월에는 북동 러시아 지역 뉴시베리아 군도에 속하는 볼쇼이-랴홉스키섬에서 1만 5,000년 전에 멸종했다고 알려진 동굴곰의 사체가 발견되었다. 이 지역에서 순록을 치는 목동들이 발견한 동굴곰은 지난 플라이스토세 중기와 말기에 이르는 동안 유라시아 전역에서 서식한 종이다. 볼쇼이–랴홉스키섬은 영구동토가 녹아내려 질퍽해진 해안과 움푹하게 꺼진 땅이 곳곳에서 발견되어온 곳이다. 기후변화로 영구동토가 녹자 빙하시대에 멸종한 동물들의 사체가 실제로 발견되고 있는 것이다.

이런 위험이 멀리 떨어진 남의 나라 이야기라고 무시하지 말자. 세계화 시대에 예상하지 못한 바이러스가 사람이나 선박을 통해 우리나라로 유입될 가능성이 없지 않기 때문이다. 당연히 검역을 거쳐 유통되긴 하겠지만, 야말 반도의 순록은 고기 외에도 녹용과 가죽의 형태로 전 세계로 팔려나간다. 우리나라에서도 러시아산 녹용이 최고의 품질을 인정받아 가격이 높은데도 활발하게 거래되고 있다는 점을 감안하면 우리나라도 탄저균의 위험으로부터 완전히 자유롭다고 할 수는 없다.

탄저병과 코로나19처럼 동물과 사람 간의 전파가 가능한 인수 공통

감염 신종 바이러스는 대부분 야생동물에서 기인한다. 직접적인 원인은 야생 동식물을 불법으로 남획하고 유통하는 과정에서 인간의 면역 체계가 막지 못하는 바이러스에 노출되기 때문이다. 하지만 보다 근본적인 원인은 지난 세기부터 급속한 도시화와 대규모 산림 벌채, 농업 등으로 인간이 무분별하게 자연을 파괴했고, 이 때문에 서식지를 잃은 야생 동식물들이 사람이 사는 지역으로 들어와 공존하면서 여러 병균을 전파할 가능성이 높아졌다는 데 있다.

문제는 코로나19 사태에서 경험했듯이 우리 사회가 긴밀하게 연결되어 있고, 특히 도시는 인구가 밀집되어 있기 때문에 바이러스가 퍼지기 시작하면 좀처럼 통제하기 어렵다는 것이다. 위기가 일어나도 시간이 지나 백신이 개발되고 면역 체계가 만들어지면 극복할 수 있겠지만, 인간이 생태계를 교란하거나 파괴하는 행위를 멈추고 공존할 수 있는 방법을 찾지 않으면 신종 바이러스가 일으키는 전염병은 앞으로도 계속 생겨날 것이다.

10장

우리
지금 안전한가요

지구가 화났다

"우리가 자연을 마음대로 조종할 수 있다고 생각한다면 그건 우리 스스로를 기만하는 것입니다. 자연은 받은 대로 돌려주기 때문입니다. 이미 전 세계적으로 자연은 분노에 찬 반격을 시작했습니다."

2019년 9월 뉴욕에서 개최된 '유엔 기후행동 정상회의'에서 안토니오 쿠테흐스 사무총장은 지구가 당면한 현실을 두고 이렇게 말했다. 지구 온난화와 해수면 상승, 기상이변 등으로 심각해져가는 기후변화를 막기 위해 우리에게 지금 필요한 것은 협상이 아닌 행동임을 강조한 것이다.

기후변화의 징후는 우리 일상에서도 감지할 수 있다. 여름철 낮 최고 기온은 해마다 기록을 경신하고, 절기에 따라 바뀌던 날씨는 도무지 종잡을 수 없게 되었다. 봄이면 산수유, 개나리, 벚꽃, 진달래, 철쭉 순서로 피던 꽃들이 언제부턴가 순서를 무시하기 시작했고, 활짝 핀 벚꽃 위에 함박눈이 쌓이기도 한다. 이런 기후변화가 계속되면 어떤 문제가 일어날까?

2018년은 우리나라가 현대적인 기상관측을 시작한 1907년 이후 111년 만에 폭염이 최악, 최장, 최고 기록을 경신하며 기승을 부린 해였다. 무더위가 최고조에 이르렀던 8월 1일에 강원도 홍천이 섭씨 41도를 기록한 것을 비롯해서 북춘천, 의성, 양평, 충주, 대구의 기온이 섭씨 40도를 넘겼고, 전국 기상관측소 95곳 중 57곳이 역대 최고기온을 경신했다. 서울에서는 최고기온 39.6도에 더해 최저기온이 30도를 웃도는 날이 지속되었고, 시민들은 열대야의 차원을 넘어서는 초열대야를 경험했다. 우리나라 농촌은 주민의 대부분이 고령자들인데 이들은 폭염에 취약하다. 때문에 농사일을 하다가 온열질환을 앓은 사람이 4,500명을 넘었고, 목숨을 잃은 사람도 48명에 이르렀다.

이상기온 현상이 나타나면 인간만 고통을 받는 것이 아니다. 유례없는 더위로 바닷물의 수온이 올라가면서 양식장에선 약 120만 마리의 물고기가 집단 폐사하는 일이 일어났고, 육상에서도 더위를 이기지 못한 가축 800만 마리가 폐사했다. 혹독한 더위와 가뭄은 농작물 피해로도 이어졌다. 특히 과수와 노지 채소의 피해가 커서 정상적으로 생육한 작물이 60퍼센트가 채 되지 못했다. 생산량이 감소하면 일차적으로 농가가 피해를 입고 소득이 낮아지지만, 이 현상은 농산물 물가상승으로 이어지므로 결국 소비자도 피해를 입는다.

인간의 활동으로 배출되는 온실가스는 해양과 육지에서 수증기의 이동과 분포를 왜곡시켜 기후 양극화를 부추긴다. 건조한 지역은 강수량이 더욱 줄어들어 가뭄에 시달리고, 습윤한 지역은 강수량이 더 늘어 홍수 피해가 증가한다. 특히 해수면 온도가 높아져 열대성 저기압인 태풍과 사이클론, 허리케인이 더 자주 발생하는데 해가 갈수록 강도는 더 세지고 강수량은 더 많아진다.

허리케인이나 쓰나미, 홍수, 지진처럼 갑작스럽게 일어나는 자연재해는 큰 피해를 남긴다. 2004년 인도양에 불어닥친 쓰나미로 25만 명이 사망했고, 2005년 미국에서는 허리케인 카트리나로 1,800명이 사망했다. 2008년 사이클론 나기스가 미얀마를 강타했을 때는 12만 명이 사망했고, 2010년에는 아이티에 지진이 일어나 14만 명이 사망했으며, 2011년에는 일본에서 지진과 쓰나미가 일어나 1만 8,000명이 사망했다. 2017년에 미국 휴스턴을 강타한 허리케인 하비는 우리나라의 연간 강수량에 맞먹는 1,200밀리미터의 폭우를 내려 엄청난 피해를 끼쳤고, 2019년에 시속 300킬로미터의 바람을 일으킨 초강력 허리케인 도리안이 지나간 중앙아메리카 카리브해의 바하마는 동네가 통째로 사라지는 등 전 국토가 폐허가 되었다.

이는 과거만의 문제가 아니다. 지금도 지구 상에는 계속해서 대규모 자연재해가 일어나고 있다. 관련 뉴스 보도에서 '이례적인', '사상 초유의', '최악의' 등의 수식어가 붙지 않은 경우를 찾아보기 힘들 정도로 피해 규모는 점점 커지고 있다. 그러다 보니 우리는 어느새 수백, 수천, 수십만 명이라는 숫자에 무덤덤해지는 것 같다. 하지만 이 큰 숫자들로 거론되는 재난의 기록에서 간과해서는 안 되는 것이 있다. 바로 그 큰 숫자에는 누군가의 부모, 자식, 이웃으로 살아가던 한 사람 한 사람의 인생을 넘어 그들과 연결된 더 큰 사회가 있다는 것이다.

전 세계 우주기관들이 뭉친 이유

2015년 4월 25일, 네팔 카트만두에 진도 7.8 규모의 강력한 지진이 발생했다. 그리고 17일 만에 7.4 규모의 강진이 다시 한 번 일어났다.

네팔은 전 세계에서 가장 가난한 나라 중 하나이다. 사회기반시설이 취약한 탓에 두 번의 강진이 연달아 일어나자 피해가 엄청나게 커져 8,500명이 넘는 사망자와 2만 2,000명의 부상자가 생겨났다. 또한 75만여 채의 집들이 무너지고 길이 망가지고 봉쇄되면서 280만 명의 이재민

그림 73 2015년 4월 25일 네팔 카트만두에 진도 7.8 규모의 지진이 발생하자 건물이 무너지는 등 대규모
피해가 발생했다.

이 발생했다.

뉴스를 통해 소식이 전해지자 세계 여러 나라가 구호물자와 재난 대응을 위한 전문 인력을 파견했다. 하지만 현장 상황은 녹록치 않았다. 지진으로 송전탑이 무너지고 통신망이 망가지는 바람에 피해를 당한 사람은 구조를 요청할 수 없는 경우가 많았다. 구조 단체들은 정확한 피해 지점이 어디인지, 어디에 얼마나 많은 사람들이 고립되어 있는지, 구조를 하러 간다고 해도 도로나 길이 망가져 있지는 않은지 등 구조에 필요한 정보를 확보하기가 어려웠다.

이때 전 세계 지구관측위성들이 가동되어 피해 지역을 촬영한 영상들을 제공하기 시작했다. 그림 74는 프랑스 지구관측위성 플레아데스Pleiades가 촬영한 고해상도 영상을 이용해 네팔 카트만두 지역의 피해 현황을 분석한 지도다. 공간해상도 50센티미터로 촬영된 이 영상은 구름으로 하얗게 가려진 지역을 제외하고는 무너진 건물의 위치(노란색)와 이재민들이 모여 있는 곳(빨간색), 이동 가능한 도로(흰색)를 파악하는 데 유용하게 사용되었다.

이처럼 전 세계에서 대형 재난이 발생했을 때 인공위성으로 피해 지역을 신속하게 촬영하여 긴급 상황에 대처할 수 있도록 돕는 장치가 있다. '우주와 대형 재난에 관한 인터내셔널 차터International Charter on Space and Major Disasters(이하 인터내셔널 차터)'라는 국제협력 프로그램이다.

인터내셔널 차터는 1999년 7월 오스트리아 빈에서 개최된 우주의 평화적 이용에 관한 유엔 제3차 컨퍼런스에서 유럽우주국과 프랑스 국립우주센터CNES가 공동으로 발의하였다. 2000년 캐나다 우주청CSA이 가입함으로써 본격적으로 활동을 시작했으며, 현재 한국KARI을 비롯하

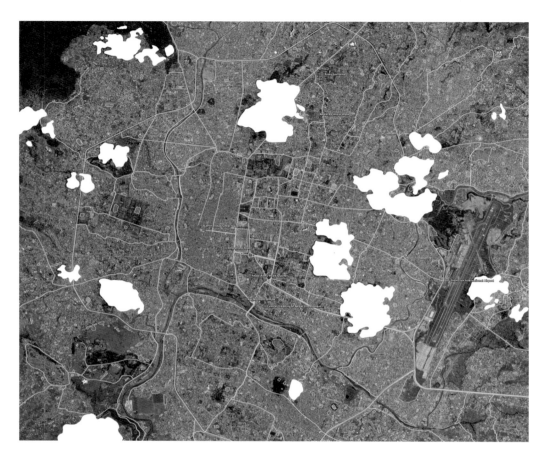

그림 74 프랑스 플레아데스 위성영상을 이용하여 카트만두 지역의 피해 현황을 분석한 지도. 무너진 건물(노란색)과 이재민들이 모여 있는 위치(빨간색), 이동 가능한 도로(흰색)를 파악하여 원활하게 구조 활동을 하는 데 큰 도움을 주었다.

여 미국^{NOAA, USGS}과 캐나다^{CSA}, 영국^{UKSA}, 독일^{DLR}, 프랑스^{CNES}, 유럽연합^{ESA,} ^{EUMETSAT}, 러시아^{ROSCOSMOS}, 중국^{CNSA}, 일본^{JAXA}, 인도^{ISRO}, 아르헨티나^{CONAE}, 브라질^{INPE}, 베네수엘라^{ABAE}, 아랍에미리트^{UAESA}에 이르는 17개 우주기관이 가입하여 활동하고 있다.

인터내셔널 차터는 주로 선진국들이 선점하고 있는 우주개발의 이익이 재난, 재해로 특히 고통받는 개발도상국들에도 도움이 되어야 한다는 취지에서 시작되었다. 국가적 위기 상황이 발생하면 신속하게 영상을 요청할 수 있도록 상시 가동되고 있으며, 촬영된 위성영상은 무상으로 제공된다. 영상 데이터를 잘 활용할 수 있도록 사용자 교육도 지원한다.

우리나라는 2011년 한국항공우주연구원^{KARI}이 인터내셔널 차터 회원으로 가입하였으며, 연간 800장 이상의 다목적실용위성 영상을 제공하고 있다. 재난을 당한 외국을 지원하기만 하는 것이 아니라 우리나라가 지원을 받기도 한다. 2017년 11월 포항 지진, 2019년 4월 강원도 산불, 2020년 8월 유례없이 긴 장마와 태풍 바비, 마이삭, 하이선 등을 겪었을 때 인터내셔널 차터를 가동하고 수백 장의 해외 위성영상을 지원받아 활용하기도 했다.

2020년 한국의 여름은 54일간 920밀리미터의 강수량을 기록한 유례없이 길고 강력한 장마로 기억된다. 도심과 농경지 침수, 정전, 산사태, 도로 등의 시설물 유실, 저수지와 제방 붕괴 등의 피해가 일어났다. 그림 75는 유럽 센티넬 1호 위성이 8월 1일과 7일에 우리나라 지역을 촬영한 영상을 비교, 분석하여 만든 홍수 지도이다. 8월 초 충청북도 영동군에 집중호우가 발생해 금강이 불어난 모습이 잘 드러난다.

센티넬 1호 같은 SAR 위성은 구름이나 대기의 영향을 받지 않기 때

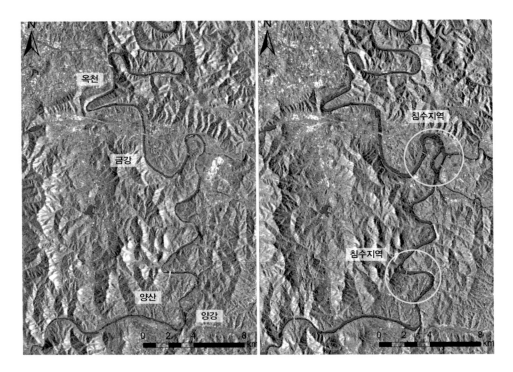

그림 75 센티넬 1호 위성영상을 이용하여 2020년 8월 충청북도 지역의 홍수피해 지역을 분석했다. 집중호우가 계속되면서 강물이 불고 일부 침수된 지역도 확인된다.

문에 기상악화로 발생하는 태풍이나 홍수 상황에서도 유효한 영상을 확보할 수 있고, 후방산란계수를 활용하여 수계 지역을 비교적 쉽게 추출할 수 있다.

2020년 여름에는 계속되는 집중호우로 지반이 약해진 탓에 전국에서 산사태도 많이 일어났다. 특히 도로 확장 공사가 진행 중이던 전라남도 곡성 지역에서는 사흘 넘게 550밀리미터 이상의 비가 쏟아져 내리면서 인근 야산 일부가 무너져 내려 주택 다섯 채가 매몰되고 주민 다섯 명

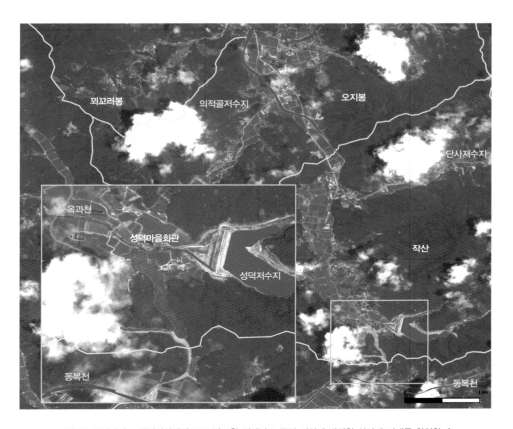

그림 76 플레아데스 위성영상에서 2020년 8월 전라남도 곡성 지역에 발생한 산사태 피해를 확인할 수 있다.

이 숨지는 사고가 발생했다. 프랑스 광학위성 플레아데스가 8월 17일 촬영한 그림 76의 분석도를 보면 곡성 성덕마을을 덮친 산사태를 확인할 수 있다.

인공위성은 각자 저마다의 주기로 지구궤도를 돈다. 따라서 재난 상황에서 인공위성이 도움이 되려면 재난 지역의 상공을 지나는 위성에 신속하게 촬영 명령을 내리는 것이 중요하다. 위성이 많을수록 피해 지역을 더 빨리 더 자주 촬영할 수 있다. 그런 의미에서 인터내셔널 차터는 전 세계 우주기관들이 뭉쳐서 가상의 위성군집을 가동하는 것이라고 할 수 있다.

최근에는 국가기관뿐만 아니라 플래닛 랩스나 아이스아이, 막사 테크놀로지 등의 민간 기업들도 파트너로 참여하고 있어서 인터내셔널 차터를 통해 지원할 수 있는 위성의 수가 300대를 넘는다. 데이터의 종류도 광학과 레이더, 초고해상도에서 저해상도에 이르기까지 다양하다.

2000년 운영을 시작한 인터내셔널 차터는 2021년 2월 8일 현재까지 126개국 690건의 재난재해 대응을 지원해왔다. 초기 시범 운영 단계를 거쳐 실질적인 국제협력으로 자리 잡은 이후 연간 약 40~50건을 지원하고 있다. 1년이 대략 52주라는 점을 감안하면 거의 매주 새로운 재난재해 대응 요청이 접수된다는 얘기이다. 여기서 접수되는 재난은 국가적 대응이 필요한 대형 재난들이다.

인터내셔널 차터에서 지원하는 재난은 태풍, 홍수, 산사태, 산불, 지진 등의 자연재해가 주를 이루는데 그중에서도 홍수, 태풍, 산사태처럼 기상 악화에 따른 재난 유형이 전체의 4분의 3을 차지한다. 특히 2020년은 우리나라뿐만 아니라 중국과 인도, 방글라데시, 인도네시아, 일본 등의 많은 아시아 국가가 태풍과 홍수로 큰 피해를 입어 인터내셔널 차터의 지원을 받았다.

천국에서 지옥으로

2019년에는 유난히도 전 세계에서 대형 화재가 많이 일어났다. 우리나라에서도 4월에 강원도에서 발생한 산불을 진압하기 위해 800대가 넘는 소방차와 3,000명이 넘는 소방관이 동원되었지만 30여 제곱킬로미터의 숲을 잃었다. 5월에 미국 캘리포니아에서 일어난 산불은 18만 명의 이재민과 30조 원의 피해를 남겼다. 브라질을 중심으로 볼리비아와 파라과이 등 아마존에서 동시다발적으로 발생한 산불은 지구의 허파를 잃을 수도 있겠다는 국제사회의 위기의식을 고조시켰다. 또한 9월에 오스트레일리아에서 발생한 산불은 6개월에 걸쳐 지속되면서 세계 역사에 남을 정도로 큰 피해를 남겼다.

오스트레일리아 산불은 자연적으로 발생한 들불과 사람의 방화로 시작되어 섭씨 50도 가까이 오르는 사상 최고의 폭염과 가뭄 때문에 걷잡을 수 없이 퍼지면서 우리나라 전체 면적보다 넓은 12만 제곱킬로미터의 산림을 집어삼켰다. 오스트레일리아 전체 산림의 5분의 1에 해당하는 규모이다. 특히 시드니가 있는 뉴사우스웨일스 지역의 피해가 커서 5,000제곱킬로미터가 넘는 숲과 초지가 불탔는데, 이는 평년 대비 약 20배에 달하는 규모였다고 한다.

산불이 수개월째 이어지면서 평소 맑고 푸른 하늘을 자랑하던 오스트레일리아의 대기는 온통 검붉은 잿빛으로 변했고, 호흡기 질환을 호소하는 사람들이 늘었다. 수도 캔버라에서는 매캐한 공기 때문에 숨 쉬는 게 힘들어서 관공서들이 문을 닫기도 했다. 산불 연기가 하늘을 뒤덮으면서 가시거리가 급격하게 짧아진 탓에 항공 운항에 차질이 빚어졌고, 전파

교란 때문에 전자기기에 이상이 생기는 현상도 나타났다.

센티넬 2호 위성이 2019년 12월 31일 촬영한 그림 77은 오스트레일리아 산불의 심각성을 생생하게 보여준다. 화재로 엄청난 화염과 연기가 발생하고 있으며, 갈색으로 보이는 곳은 이미 불에 탄 숲이다.

오스트레일리아의 산불은 강풍을 타고 급속하게 퍼지는 바람에 불길을 피하지 못한 야생동물들에게도 치명적이었다. 그린피스^{Green Peace} 집계에 따르면 이 화재로 10억 마리 이상의 야생동물이 죽음을 맞았다. 그중에서도 코알라는 유칼립투스 잎만 먹고 살기 때문에 서식지가 고정되어 있는데다 느리고 나무에 붙어 꼼짝하지 않는 습성 때문에 특히 큰 피해를 입어서 멸종이 우려될 정도라고 한다.

문제는 이번 화재로 많은 산림을 잃어버린 것이 끝이 아니라는 것이다. 광합성을 통해 이산화탄소를 흡수하고 산소를 배출하여 산림의 순기능을 발휘하던 나무들이 불에 타면서 그 속에 수십 년간 축적되어온 탄소가 공기 중의 산소와 만나 엄청난 양의 이산화탄소를 배출하면서 오히려 대기오염의 주범으로 변하고 말았다. 이번 오스트레일리아 산불로 배출된 이산화탄소의 양은 무려 4억 3,000만 톤으로 전 세계 연간 온실가스 배출량의 1퍼센트가 넘는다. 온실가스를 긴급히 줄여야 하는 기후 위기 상황에서 숲이 오히려 대량의 온실가스를 배출하게 되었다는 점은 참으로 유감스러운 일이다.

오스트레일리아 산불은 고온건조한 날씨 때문에 좀처럼 진압되지 않

그림 77 2019년 12월 31일 센티넬 2호 위성에서 촬영한 영상으로 붉은 색으로 나타나는 불길 주변으로 화염과 연기가 발생하고 있고, 불에 탄 숲은 갈색으로 변했다.

© ESA

고 계속해서 더 크게 퍼져 나갔다. 25만 명의 소방대원과 700여 대의 소방차, 100여 대의 헬리콥터가 투입되었지만 속수무책이었다. 그렇게 수개월의 시간이 흐르다가 해가 바뀌면서 내리기 시작한 강한 비가 화재를 진압했다. 하지만 곧 열대성 태풍이 기록적인 폭우를 쏟으면서 홍수 피해가 속출하기 시작했다. 도로가 사라지고 집들이 물에 잠기고 정전 사태가 발생하자 산불 진압에 투입되었던 소방관들이 이번에는 홍수 피해를 지원하는 데 투입되었다. 화재로 모든 나무가 불타버린 산은 지반이 약해져 산사태가 일어났고, 잿더미와 함께 흘러내린 빗물이 강과 호수로 흘러들어 식수원을 오염시키는 등의 큰 피해를 남겼다.

시간이 지나면 피해 지역은 복구되겠지만 하늘까지 집어삼킬 듯 활활 타오르던 불길은 많은 사람에게 트라우마로 남을 것이다. 오스트레일리아 하면 코알라와 캥거루가 뛰노는 천혜의 자연을 떠올릴 수 있었지만 앞으로 오랫동안 그럴 수가 없게 되었다. 장장 6개월간 이어진 산불로 수십만 종의 야생 동식물들이 잿더미가 되어 사라진 땅이라는 오명을 씻는 데는 많은 시간이 필요할 테니까.

재난이 지나간 자리

2019년 3월, 사이클론 이다이가 아프리카 모잠비크를 덮쳤다. 강한 폭우가 일주일 넘게 내리자 강물이 불어 집과 다리가 무너지고 160여 명이 사망했으며 50만 명이 대피하는 등 큰 피해가 생겼다. 그런데 한 달만에 또 다른 사이클론 케네스가 강타하면서 대규모 피해가 더해졌다.

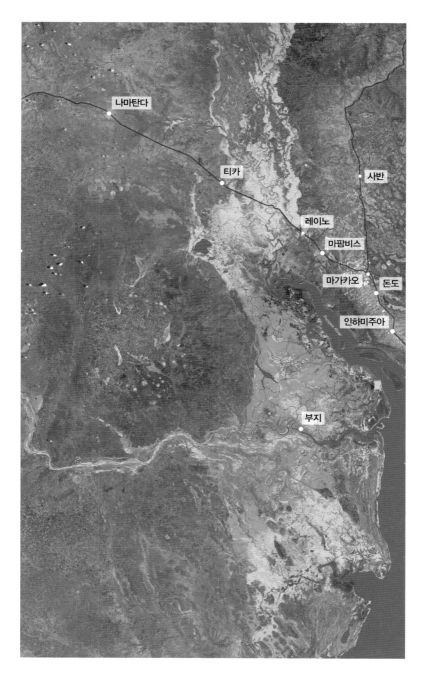

그림 78 2019년 3월 모잠비크를 강타한 사이클론으로 발생한 침수 피해 지도

이처럼 한꺼번에 많은 비가 홍수를 일으키면 집과 도로, 다리, 논밭이 물에 잠겨 그 자체로도 많은 피해를 일으키지만 사회기반시설이 취약한 나라에서는 송전탑에 문제가 생겨 전기를 공급할 수 없다거나 식수원이 오염되어 깨끗한 물을 마실 수 없다는 문제가 동반된다. 그림 78은 유럽 센티넬 1, 2호 위성과 독일 테라사 엑스 위성영상을 이용해서 사이클론 이다이의 여파로 물이 범람한 지역에서 침수가 얼마나 오랫동안 지속되었는지를 분석한 지도이다. 초록색에서 빨간색으로 갈수록 침수가 오래 지속된 곳이다.

아무리 산업화가 늦은 개발도상국이라 하더라도 요즘 같은 현대사회에서 전기는 공기와 같다. 어둠을 밝히는 전등을 비롯해서 전화, 라디오, 냉장고, 컴퓨터 등 많은 기기에는 전기가 필요하다. 가정에서 일어나는 정전도 문제지만 긴급한 재난 상황에 대처해야 하는 공공기관이나 의료시설에서 전기를 쓸 수 없게 되면 외부에 신속하게 도움을 요청할 통신조차 어려워진다.

게다가 폭우 다음에 나타나 지속되는 고온다습한 환경은 곤충과 박테리아, 바이러스 같은 병원의 전파를 확산시킨다. 말라리아나 뎅기열 바이러스를 옮기는 모기가 극성을 부리고 오염된 물을 통해 콜레라균이 퍼지면 홍수로 사망한 사람들보다 더 많은 사람이 죽음에 이를 수도 있다. 실제 모잠비크에서도 사이클론이 지나간 후 보건 당국은 콜레라가 발생했다고 공식적으로 선언했고, 확인된 콜레라 환자만도 8,000명에 이르렀다.

재난은 많은 것을 앗아 간다. 한 사람의 죽음은 단지 한 생명을 잃는 것이 아니라 그가 가지고 있던 숙련된 기술과 경험과 사회적 역할이 사라진다는 의미이며, 이는 쉽게 복구할 수 없다. 살아남은 사람들도 악화된 건강과 삶의 기반을 송두리째 빼앗긴 슬픔과 트라우마를 겪는다.

특히 사회적으로 취약한 계층이나 가난한 나라일수록 후유증도 크다. 당장의 생계가 급하기 때문에 가축을 키우거나 농사를 지어 안정적인 소득을 꾀하기보다는 당장 있는 것을 팔아 먹을거리를 해결하는 게 우선이다. 부모들이 아이들을 학교에 보내기보다 일터로 내보내 돈을 벌어 오라고 시킨다. 오랜 굶주림과 영양실조 때문에 사람들의 수명이 짧고 병에 취약하다 보니 일찍 부모를 여의는 경우도 흔하다. 이런 아이들은 제대로 된 일자리 없이 하루하루 생존과 싸워야 하고, 영양 상태가 좋지 않아 학습 능력도 떨어진다. 교육을 통해 더 나은 일자리를 갖지 못하므로 가난이 되풀이되는 현상이 나타난다.

필리핀과 에티오피아, 콜롬비아에서 실시된 연구에 따르면, 지역이나 문화권에 상관없이 재난 이후에는 사회 빈곤율이 증가한다고 한다. 빈곤하고 궁핍한 환경은 사람들을 단기적인 이익에 더 민감해지고 남을 배려하거나 협력하기보다 이기적인 태도를 취하게 만들기도 한다. 이런 이유로 재난을 복구하는 과정에서 정부나 지역사회와의 갈등이 고조되고 여러 사회문제도 발생한다. 반복적으로 자연재해를 경험하면 어차피 노력해도 부질없다는 생각 때문에 개인은 물론 사회가 더 무기력하고 수동적이 되기도 한다.

국제난민감시센터International Displacement Monitoring Center, IDMC의 최근 자료에 따르면, 분쟁과 자연재해로 발생한 이재민은 2019년 한 해에만 149개국에 걸쳐 3,340만 명에 이른다. 그중 4분의 3이 자연재해 때문에 생긴다. 이재민은 전 세계 모든 대륙에서 발생하는데, 그중에서도 인도, 필리핀,

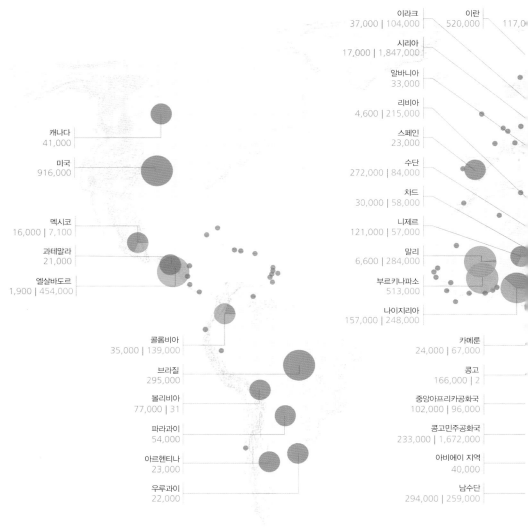

이라크
37,000 | 104,000

이란
520,000

117,0

시리아
17,000 | 1,847,000

알바니아
33,000

리비아
4,600 | 215,000

스페인
23,000

수단
272,000 | 84,000

차드
30,000 | 58,000

니제르
121,000 | 57,000

말리
6,600 | 284,000

부르키나파소
513,000

나이지리아
157,000 | 248,000

캐나다
41,000

미국
916,000

멕시코
16,000 | 7,100

과테말라
21,000

엘살바도르
1,900 | 454,000

카메룬
24,000 | 67,000

콩고
166,000 | 2

중앙아프리카공화국
102,000 | 96,000

콩고민주공화국
233,000 | 1,672,000

아비에이 지역
40,000

남수단
294,000 | 259,000

콜롬비아
35,000 | 139,000

브라질
295,000

볼리비아
77,000 | 31

파라과이
54,000

아르헨티나
23,000

우루과이
22,000

300만 명 이상
100만 1~300만 명
20만 1~100만 명
2만 1~20만 명
2만 명 미만

총계(명)

33.4m

24,855,000 | 8,553,800
재난에 의해 | 분쟁에 의해
발생한 신규 | 발생한 신규
이재민 | 이재민

아메리카
1,545,000 | 602,000
전체의 6.4%

유럽과 중앙아시아
101,000 | 2,800
전체의 0.3%

국가와 지명은 신규 이재민 수가 2만 명 이상일 때만 표기. 숫자를 반올림 처리하였기 때문에 일부 총합이 불일치할 수 있음.
지도에 표기에 사용된 국가 경계나 이름은 IDMC(국제난민감시센터)의 공식 승인 여부와 무관함.

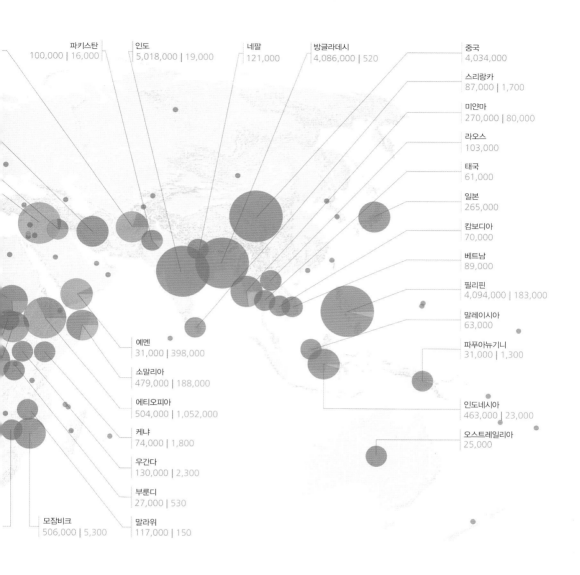

그림 79 2019년 전 세계 난민 발생 현황

방글라데시, 중국 등 아시아에 많다. 아프리카 역시 내전 못지않게 자연재해 때문에 이재민이 많이 발생하고 있다. 아시아와 아프리카 모두 사회기반시설이 취약한 개발도상국이 많은데, 최근 잦은 홍수와 태풍, 가뭄으로 피해가 가중되면서 상황이 더욱 어려워지고 있다.

"사람들이 고통받고 있으며, 죽어가고 있습니다. 생태계 전체가 무너지고 있습니다. (중략) 그런데도 여러분은 여전히 돈과 끝없는 경제성장이라는 동화 같은 얘기만 하고 있습니다. 어떻게 그러실 수 있나요?"

청소년 환경운동가 그레타 툰베리가 2019년 9월 '유엔 기후행동 정상회의'에서 전 세계 정상들에게 가한 일침이다. 하지만 정치가들에게만 책임을 돌리기엔 우리 모두의 책임이 작지 않다. 그런 정치가들을 국가의 대표로 선출한 것도 우리이고, 그들이 경제성장에만 관심을 갖도록 힘을 실어준 것도 우리이기 때문이다.

어떻게 그럴 수 있냐는 저 질문은 어쩌면 그레타가 우리 모든 어른에게, 그리고 이 세상을 살아가는 우리 모든 사람에게 던지는 꾸짖음이다. 때론 편리하다는 이유로, 때론 현대적이라는 이유로, 때론 멋지다는 이유로 우리가 살아가면서 얼마나 지구온난화에 동조해왔는지, 얼마나 무관심하고 애써 모른 척해왔는지 다시금 돌아보자.

나가며

여행을 준비하는 일은 언제나 설렌다. 이 책을 준비하면서도 그랬다. 인공위성을 타고 떠나는 지구 여행, 그리고 거기에 필요한 가이드북!

인류 최초로 달에서 지구를 본 아폴로 8호 우주비행사 짐 로벨^{Jim Lovell}은 이 무한한 우주에서 지구는 그저 작은 행성 중 하나지만, 동시에 그 작은 행성에 태어났다는 것이 얼마나 경이로운 일인지 생각하게 되었다고 말했다. 태양에서 너무 가깝지도 너무 멀지도 않은 적당한 거리에서, 중력이 있을 만큼 적당한 크기로, 물과 공기가 있어 생명체가 살아갈 수 있는 그 작은 행성은 신이 인간에게 선사한 무대이며, 연극의 결말은 우리에게 달려 있다고.

집을 떠나봐야 집이 소중한 줄 안다고들 한다. 1968년 인류는 우주선을 타고 직접 우주에 가서야 지구를 볼 수 있었지만 지금 우리에게는 지구관측 인공위성이 있다. 가만히 앉아서도 전 세계에서 무슨 일어나고 있는지 훤히 알 수 있다. 이 책과 함께한 지구 여행에서도 우리는 많은 곳을 다녀왔다. 바다와 사막, 밀림과 고원, 북극과 남극, 도시와 시골. 그곳에서 살아가는 이웃들의 시시콜콜한 속사정도 알게 되었다. 그새

정이 든 탓일까. 조각 얼음 위에 지쳐 쓰러져가던 북극곰은 어떻게 되었을지 걱정되는 한편 아마존 밀림에서 숲을 지키려 애쓰는 원주민들의 애절한 눈빛이 자꾸만 떠오른다. 다음번 여행에서 그들을 다시 만날 수 있을까.

설렘으로 시작했던 여행이 시간이 갈수록 걱정으로 바뀌기 시작했다. 기후변화가 지구 곳곳에 미치는 영향이 너무나 뚜렷하게 보였고, 자연재해로 삶의 터전을 잃고 난민이 되어가는 전 세계 이웃이 매년 수천만 명씩 늘어난다고 하니 마음이 무거워졌다. 무엇을 할 수 있을까? 아니, 무엇을 해야 할까? 숙제를 안고 나의 집으로 돌아간다.

참고문헌

John R. Jenson 지음, 임정호 외 옮김, 원격탐사와 디지털 영상처리(제4판), 시그마프레스

USGS Satellite Images of Environmental Change
https://eros.usgs.gov/image-gallery/earthshots

NASA Earth Observatory
https://earthobservatory.nasa.gov/

ESA Observing the Earth
https://www.esa.int/Applications/Observing_the_Earth

KARI 위성정보활용지원서비스
https://ksatdb.kari.re.kr/main/main.do

Gateway to Astronaut Photography of Earth
https://eol.jsc.nasa.gov/SearchPhotos/

Insights Economy: Cloud-based analytic services have arrived. And with them a new generation of companies promising not imagery, but insights
https://trajectorymagazine.com/the-insight-economy/

Orbital Insight Expands Coverage of Global Energy Product
https://www.satellitetoday.com/innovation/2016/09/30/orbital-insight-measures-china-oil-supply-satellite-imagery-analysis/

Flock of Nanosatellites Provides a Daily Picture of Earth
https://spinoff.nasa.gov/Spinoff2016/ee_1.html

Coronavirus COVID-19's impact seen in before-and-after imagery from space
https://www.abc.net.au/news/2020-03-06/coronavirus-from-space-before-and-after/12032418?nw=0

Insights from Space: Assessing Impacts of the Covid-19 Crisis
https://www.pwc.fr/en/industrie/secteur-spatial/pwc-space-team-public-reports-and-articles/assessing-impacts-of-the-covid-19-crisis.html

An Update On China's Largest Ghost City - What Ordos Kangbashi Is Like Today
https://www.forbes.com/sites/wadeshepard/2016/04/19/an-update-on-chinas-largest-ghost-city-what-ordos-kangbashi-is-like-today/#6a5e14012327

How Satellite Data And Artificial Intelligence Could Help Us Understand Poverty Better
https://www.fastcompany.com/3053291/how-satellite-data-and-artificial-intelligence-could-help-us-understand-poverty-b

Orbital Insight Expands Coverage of Global Energy Product
https://www.satellitetoday.com/innovation/2016/09/30/orbital-insight-measures-china-oil-supply-satellite-imagery-analysis/

Coronavirus COVID-19's impact seen in before-and-after imagery from space
https://www.abc.net.au/news/2020-03-06/coronavirus-from-space-before-and-after/12032418?nw=0

Insights from Space: Assessing Impacts of the Covid-19 Crisis

https://www.pwc.fr/en/industrie/secteur-spatial/pwc-space-team-public-reports-and-articles/assessing-impacts-of-the-covid-19-crisis.html

AP tracks slave boats to Papua New Guinea
https://www.ap.org/explore/seafood-from-slaves/ap-tracks-slave-boats-to-papua-new-guinea.html

Escondida Mine, Chile
https://asterweb.jpl.nasa.gov/gallery-detail.asp?name=Escondida

Salar de Atacama, Chile
https://eros.usgs.gov/image-gallery/earthshot/salar-de-atacama-chile

Sebastian Wetterich, et al., 2014, Ice Complex formation in arctic East Siberia during the MIS3 Interstadial, Quaternary Science Reviews 84(15): 39-55

D. Bolshiyanov, et al., 2015, Lena River delta formation during the Holocene, Biogeosciences Discussions 11(3): 4085-4122

P. Worsley, 2014, Ice-wedge growth and casting in a Late Pleistocene, periglacial, fluvial succession at Baston, Lincolnshire, Mercian Geologist 18(3):159-170.

NASA Black Marble Product
https://viirsland.gsfc.nasa.gov/Products/NASA/BlackMarble.html

Forest Monitoring Designed for Action
https://www.globalforestwatch.org/

2019 Arctic Sea Ice Minimum Tied for Second Lowest on Record
https://climate.nasa.gov/news/2913/2019-arctic-sea-ice-minimum-tied-for-second-lowest-on-record/

Arctic sea ice melt marks a new polar climate regime
https://www.arctictoday.com/arctic-sea-ice-melt-marks-a-new-polar-climate-regime/

British Antarctic Survey: Brunt Ice Shelf movement
https://www.bas.ac.uk/project/brunt-ice-shelf-movement/

Two more outbreaks of anthrax hit northern Siberia due to thawing permafrost
https://siberiantimes.com/other/others/features/f0253-deadly-anthrax-infection-spread-250-kilometres-in-15-days-due-to-mosquitoes/

First ever preserved grown up cave bear - even its nose is intact - unearthed on the Arctic island
https://siberiantimes.com/other/others/news/first-ever-preserved-grown-up-cave-bear-even-its-nose-is-intact-unearthed-on-the-arctic-island/

International Charter Space and Major Disasters
https://disasterscharter.org/web/guest/home

처음 읽는 인공위성 원격탐사 이야기

1판 1쇄 발행일 2021년 4월 15일
1판 3쇄 발행일 2022년 5월 10일

지은이 | 김현옥
펴낸이 | 박남주
디자인 | 책은우주다
펴낸곳 | 플루토

출판등록 | 2014년 9월 11일 제2014-61호
주소 | 04083 서울특별시 마포구 성지5길 5-15 벤처빌딩 206호
전화 | 070-4234-5134
팩스 | 0303-3441-5134
전자우편 | theplutobooker@gmail.com
ISBN 979-11-88569-24-3 03440